ISW 16

Berichte aus dem Institut für Steuerungstechnik
der Werkzeugmaschinen und Fertigungseinrichtungen
der Universität Stuttgart

Herausgegeben von Prof. Dr.-Ing. G. Stute

H. Henning

Fünfachsiges NC-Fräsen gekrümmter Flächen

Beitrag zur numerischen Flächendarstellung, Programmierung und Fertigung

Springer-Verlag Berlin Heidelberg GmbH

D 93

Mit 90 Abbildungen

ISBN 978-3-540-07895-1   ISBN 978-3-662-11796-5 (eBook)
DOI 10.1007/978-3-662-11796-5

1 2 3 4 5

Vorwort des Herausgebers

Das Institut für Steuerungstechnik der Werkzeugmaschinen und Fertigungseinrichtungen der Universität Stuttgart befaßt sich mit den neuen Entwicklungen der Werkzeugmaschine und anderen Fertigungseinrichtungen, die insbesondere durch den erhöhten Anteil der Steuerungstechnik an den Gesamtanlagen gekennzeichnet sind. Dabei stehen die numerisch gesteuerte Werkzeugmaschine in Programmierung, Steuerung, Konstruktion und Arbeitseinsatz sowie die vermehrte Verwendung des Digitalrechners in Konstruktion und Fertigung im Vordergrund des Interesses.

Im Rahmen dieser Buchreihe sollen in zwangloser Folge drei bis fünf Berichte pro Jahr erscheinen, in welchen über einzelne Forschungsarbeiten berichtet wird. Vorzugsweise kommen hierbei Forschungsergebnisse, Dissertationen, Vorlesungsmanuskripte und Seminarausarbeitungen zur Veröffentlichung.

Diese Berichte sollen dem in der Praxis stehenden Ingenieur zur Weiterbildung dienen und helfen, Aufgaben auf diesem Gebiet der Steuerungstechnik zu lösen. Der Studierende kann mit diesen Berichten sein Wissen vertiefen.

Unter dem Gesichtspunkt einer schnellen und kostengünstigen Drucklegung wird auf besondere Ausstattung verzichtet und die Buchreihe im Fotodruck hergestellt.

Der Herausgeber dankt dem Springer-Verlag für Hinweise zur äußeren Gestaltung und Übernahme des Buchvertriebs.

Stuttgart, im Februar 1972

Gottfried Stute

Inhaltsverzeichnis

Seite

Schrifttum

/ 1/ Henning,H.,
     Schwegler,H.:   Bedeutung des NC-Fräsens bei der Fertigung komplexer Formen. Steuerungstechnik 4 (1971) Nr.6, S.171...174 und Nr.7, S.208...215.

/ 2/ Lange,K.:   Hohlformwerkzeuge für Urform- und Umformverfahren. VDI-Berichte (1971), Nr.166, S.83...96.

/ 3/ König,W.,
     u.a.:   Systemanalytische Betrachtung der Konstruktion und Fertigung von Hohlformwerkzeugen der Umformtechnik. Ind.-Anz. (1974) Nr.9, S.177...183.

/ 4/ Hensmann,W.:   NC-Bearbeitung oder Kopierfräsen bei der Herstellung von Umformwerkzeugen. Internationaler Congress für Metallbearbeitung Hannover 19.-21.9.73 (Tagungsbroschüre) S.105...107.

/ 5/ Storr,A.,
     Damsohn,H.,
     Henning,H.:   Möglichkeiten des fünfachsigen Fräsens. Ind.-Anz. 96 (1974) Nr.15, S.353...356.

/ 6/ Damsohn,H.:   Fünfachsiges NC-Fräsen, ein Beitrag zur Technologie, Teileprogrammierung und Postprozessorverarbeitung. Eingereichte Dissertation an der Universität Stuttgart.

/ 7/ Esch,H.:   Der geometrische Aufbau von 5-Achsen-Maschinen. Essen: Girardet-Verlag. HGF-Kurzberichte (Lose-Blatt-Sammlung), Blatt 72/42 (1972).

/ 8/ Tränkle,H.:   Realisierte Fünfachsen-Maschinen.
                     Manuskript am Institut für Steuerungs-
                     technik, Universität Stuttgart, zur
                     Veröffentlichung eingereicht (1975).

/ 9/ DIN 4760   Begriffe für die Gestalt von Oberflächen
                     (Juli 1960)

/10/ VDI 3255   Festlegung der Koordinatenachsen und
                     Zuordnung der Bewegungsrichtungen.
                     (Dez.1968).

/11/ Herold,H.,   Die numerische Steuerung in der Ferti-
     Maßberg,W.,   gungstechnik. VDI-Verlag, Düsseldorf
     Stute,G.:   (1971).

/12/ Osofisan,P.B.:   Numerische Approximationsverfahren für
                     die Transformation in einer CNC.
                     Essen: W.Girardet 1975. HGF-Kurzberichte
                     (Lose-Blatt-Sammlung), Blatt 75/68.

/13/ DIN 66215   CLDATA (Entw.Aug.1973).

/14/   APT reference manual, 6000 Version 2,
                     Control Data Corporation, Publ. No.
                     60174500 (1971), Sunnyvale, California.

/15/ Altan,T.,   Rechnergestützte Konstruktion und Ferti-
     Akgerman,N.:   gung von Schmiedegesenken zum Vor- und
                     Fertigschmieden. Ind.-Anz. 96 (1974)
                     Nr.34, S.763...768.

/16/ Damsohn,H.,   Notwendige Punktdichte bei fünfachsiger
     Eisinger,J.:   Fräsbearbeitung. Essen: Girardet-Verlag,
                     HGF-Kurzberichte (Lose-Blatt-Sammlung),
                     Blatt 71/24 (1971).

/17/ Eisinger,J.:   Fräserbahnabweichung aufgrund der Kine-
                     matik und Interpolation an numerisch
                     gesteuerten Mehr-Achsen-Fräsmaschinen.
                     Universität Stuttgart, Dr.-Ing.-Diss.,
                     1972.

/18/ Takehara,N.,   Die Making By NC. In The Opening Door
     Katsuyoshi,K.: to Productivity and Profit. Edited by
                     Mary A. De Vries, S.298...311.
                     Proceedings of the Eights Annual Meeting
                     and Technical Conference. Numerical Con-
                     trol Society March 22-24, 1971, S.298...
                     ...311.

/19/   Functional Description of MCAIR Graphics/
                     DNC-System. Unveröffentlichtes Manuskript
                     vom 26.9.73 der McDonnell Douglas Cor-
                     poration, St.Louis, Missouri.

/20/   REFSON ein Karosseriedatenverarbeitungs-
                     system. Unveröffentlichtes Manuskript der
                     Volkswagenwerk AG Wolfsburg (1974).

/21/ Hyodo,Y.:   HAPT-3D: A Programming System for Numeri-
                     cal Control. In Computer Languages for
                     Numerical Control, North Holland
                     Publishing Company, Amsterdam (1973),
                     S.439...448.

/22/   FMILL-APTLFT. IIT Research Institute.
                     IITRI Library Item 548.

/23/ Mitthof,E.F.:   Aus der Programmierpraxis räumlicher
                     Flächen mit APT. Steuerungstechnik 3
                     (1970) Nr.9, S.300...301.

/24/ Gregory,A.S.:   Description of a UNIVAC version of APTLFT-FMILL surface milling programme in APT4Q65 Univac Release. NEL-Report No.415.

/25/   Sculptured Surface Long Range Planning Guide. Submitted to Sculptured Surfaces Sponsors by John K. Hinds (Aug.1973).

/26/   Documentation for the Third Sculptured Surface Experimental Release System (SSX 3). ITTRI Research Institute (April, 1973).

/27/ Hajimu,K., u.a.:   Okisurf System. In the International Future of NC/CAM. Edited by Mary A. De Vries. Proceedings of the Eleventh Annual Meeting and Technical Conference Numerical Control Society March 31 - April 3, 1974, S.127...142.

/28/ Mehlum,T., Melhuus,H., Ljunggren,S.:   Autokon/Autospace; Autokon/Automotive. In Computer Languages for Numerical Control. North Holland Publishing Company, Amsterdam (1973), S.461...474.

/29/ Sandin,K.E.:   FORMELA - A programming system for Computer Aided Design and production. In Computer Languages for Numerical Control. North Holland Publishing Company, Amsterdam (1973), S.475...482.

/30/ Flutter,A.:   The POLYSURF System. In Computer Languages for Numerical Control. North Holland Publishing Company, Amsterdam (1973), S.403...416.

/31/ Gendre,J.C.:   SURFAPT - Sculptured Surfaces System.
                   In CAM74 COMPUTER AIDED MANUFACTURE AND
                   NUMERICAL CONTROL. Paper No.6.
                   Papers Presented at an International
                   Conference held at the University of
                   Strathclyde, Glasgow on 25-27 June 1974.
                   Organized by National Engineering
                   Laboratory, Glasgow and the University
                   of Strathclyde, Glasgow.

/32/ Engeli,M.:   Eine Methode zur Beschreibung gekrümmter
                   Flächen. Fertigung (1973) Nr.6, S.187...
                   ...194.

/33/ Wilfert,H.G.: Probleme der rechnergestützten Kon-
                   struktion und Fertigung im Karosserie-
                   bau. Ind.-Anz. 96 (1974) Nr.20, S.453...
                   ...456.

/34/ Sabin,M.:   Numerical Master Geometry. In Curved
                   Surfaces in Engineering. Published by
                   IPC Science and Technologie Press Ltd.
                   Proceedings of a conference organized by
                   the Computer Aided Design Centre, Cam-
                   bridge, 15-17th March 1972, S.23...25.

/35/ Forrest,A.R.: Mathematical principles for curve and
                   surface representation. In Curved Sur-
                   faces in Engineering. Published by IPC
                   Science and Technologie Press Ltd.
                   Proceedings of a conference organized by
                   the Computer Aided Design Centre, Cam-
                   bridge, 15-17th March 1972, S.5...13.

/36/ Henning,H.:   Eine rechnergeeignete Darstellung ge-
                   krümmter Flächen aus Meßpunkten.
                   Steuerungstechnik 7 (1974) Nr.5, S.35...
                   ...36 und Nr.6, S.32...35.

/37/   Einführung in die Computer Graphics.
                        Technische Universität Berlin, Kurs-
                        materialien zur Automatisierung, Ana-
                        lyse und Synthese dynamischer Systeme,
                        Nr.55 (1973).

/38/ Björck,A.,   Numerische Methoden. R.Oldenbourg Ver-
     Dahlquist,G.:   lag, München, Wien (1972).

/39/ Forrest,A.R.:   Interactive interpolation and approxi-
                        mation by Bézier polynomials. The Com-
                        puter Journal 15 (1972) Nr.1, S.71...79.

/40/ Bézier,P.:   Procédé de définition numérique des
                        courbes et surfaces non mathématiques.
                        Systeme UNISURF. Automatisme 13 (1968)
                        Nr.5, S.189...196.

/41/ Nicolò,V.,   Interactive Curve Fitting. In Computer
     Piccini,M.:   Languages for Numerical Control. North
                        Holland Publishing Company, Amsterdam
                        (1973), S.427...438.

/42/ Gordon,J.W.,   Bernstein-Bézier Methods for the Compu-
     Riesenfeld,R.F.:   ter-Aided Design of Free-Form Curves and
                        Surfaces. Journal of the Association for
                        Computing Machinery 21 (1974) Nr.2,
                        S.293...310.

/43/ Henning,H.:   Darstellung gekrümmter Flächen durch
                        Approximation von Meßpunkten. wt-z.ind.
                        Fertig. 64 (1974) Nr.11, S.676...681.

/44/ Gotthard,E.:   Einführung in die Ausgleichsrechnung.
                        Herbert Wichmann Verlag, Karlsruhe (1968).

/45/ Langner,W.:   Die Lösung des Strakproblems bei empiri-
                        schen Funktionen mittels stückweiser ku-
                        bischer Polynome. Elektron.Rechenanl. 12
                        (1970) Nr.5, S.262...269.

/46/ Coons,S.A.:   Surfaces for Computer Aided Design of
                  Space Forms. MAC-TR-41, Projekt MAC,
                  MIT (1967).

/47/ Henning,H.: Daten erzeugen gekrümmte Werkstückober-
                  flächen. Steuerungstechnik 5 (1972) Nr.6,
                  S.133...138.

/48/ Strauß,R.,   Ein leistungsfähiges Verfahren zur Appro-
     Henning,H.: ximation von Raumpunkten durch ein Flä-
                  chenstück. Angewandte Informatik (1976)
                  Heft 9, S.401...406.

/49/ Schwegler,H.: Beitrag zur Beschreibung und Programmie-
                  rung von gekrümmten Flächen und deren
                  Fertigung auf numerisch gesteuerten
                  Fräsmaschinen. Universität Stuttgart,
                  Dr.-Ing.-Diss., 1971.

/50/   DIN Taschenbuch 40. Werkzeugnormen. Dreh-
                  meißel, Fräswerkzeuge, Maschinensäge-
                  blätter, Maschinenmesser. Herausgeber:
                  Deutscher Normenausschuß (DNA), Berlin 30.
                  Beuth-Vertrieb GmbH Berlin 30, Köln,
                  Frankfurt/Main (1972).

/51/ Henning,H.: Die Makrogeometrie gefräster Oberflächen.
                  Essen: Girardet-Verlag. HGF-Kurzberichte
                  (Lose-Blatt-Sammlung), Blatt 73/23 (1973).

<u>Abkürzungen</u>

ALRP	APT Long Range Program; langfristiges Entwicklungsprogramm für das APT-Programmiersystem
B	Drehachse des Schwenkkopfes parallel zur Y-Achse
C'	Drehachse des Drehtisches parallel zur Z-Achse
CLDATA	Cutter Location Data (DIN 66215); Ausgabedatei eines NC-Processors. Eingabedatei für Postprozessoren
CNC	Computerized Numerical Control; numerische Steuerung mit programmierbarem Prozeßrechner
CAM-I	Computer Aided Manufacturing International; internationale Organisation zur Förderung des Rechnereinsatzes in den Fertigungsbetrieben
EDVA	elektronische Datenverarbeitungsanlagen
FALL1...FALL4	Arten verschiedener lokaler Flächenformen
FORTRAN-IV	Problemorientierte Programmiersprache für technisch-wissenschaftliche Anwendungen
ISO	International Organization for Standardization; Internationale Organisation zur Normung
MDI	Master Dimension Identifier; Gesamtheit aller durch FMILL errechneten Punkte einer Fräsbahn
SS-System	Sculptured Surfaces-System; Programmiersystem zur Programmierung fünfachsiger Fräsbearbeitungen von gekrümmten Flächen
X'	Achsrichtung des Maschinentisches
Y	Achsrichtung des Auslegers
Z	Achsrichtung des Maschinenständers
$	Fortsetzungszeichen

Formelzeichen und Einheiten

a		Faktor zur Definition der Werkzeugstellung in bezug zur Fläche; Koeffizient, Halbachse einer Fläche 2. Ordnung
$a_1 \dots a_{48}$		Polynomkoeffizient eines bikubischen Pflasters
a_{xi}, a_{yi}, a_{zi}		Polynomkoeffizienten einer Kurvendefinition in Parameterform, kartesische Koordinaten der Vektoren $\mathfrak{A}_i$
b		Koeffizient; Halbachse einer Fläche 2. Ordnung
$C_1 \dots C_{19}$		Substitution algebraischer Ausdrücke
c		Koeffizient; Halbachse 2. Ordnung
d	mm	Fräserdurchmesser; Faktor
d_1	mm	Fräserdurchmesser an der Schneide
d_2	mm	Fräserdurchmesser an der Einspannung
d_{krit}	mm	Vergrößerter Fräserdurchmesser $(d_{krit} > d_1)$
F		Implizite Funktion
F_s		Fräserspitze
F_0, F_1		Gewichtsfunktion der 1. Vektorform nach Coons
F_{rel}	%	Relativer Fehler
f		Explizite Funktion
f_i^n		Béziersche Gewichtsfunktion
G_0, G_1		Gewichtsfunktion der 2. Vektorform nach Coons
g		Explizite Funktion; Gerade
h_1	mm	Länge des Schneidenteils eines Schaftfräsers

Symbol	Unit	Description
h_2	mm	Gesamtlänge eines Schaftfräsers
Δh	mm	Versatz eines Schaftfräsers mit Ecken-radius zu einem Schaftfräser ohne Eckenradius parallel zu dem Fräser-achsvektor
$I_{0,i}$		Gewichtsfunktion nach Lagrange
$I_{r,i}$		Gewichtsfunktion nach Hermite
$I_{0,i}^{*}$		Gewichtsfunktion nach Bézier
$I_{R,i}$		Funktion zur Gewichtung der Pflaster-eckpunkte
$I_{u,i}$		Funktion zur Gewichtung der Tangenten in u-Richtung
$I_{v,i}$		Funktion zur Gewichtung der Tangenten in v-Richtung
$I_{uv,i}$		Funktion zur Gewichtung der Twist-vektoren
K_{1i}, K_{2i}		Konzentrische Kreisbogen in der Normal-profilschnittebene
l	mm	Überdeckung
l_1, l_2	mm	Überdeckungen, erreicht durch Fräsen in die zwei Hauptkrümmungsrichtungen eines Flächenpunktes
m		Indizesgrenze
m_i		Steigung einer Gerade
N		Fräsbahnenanzahl
ΔN		Differenz zweier Fräsbahnenanzahlen
n		Polynomgrad, Indizesgrenze
O		Koordinatenursprung
P		Punkt
P_i^{*}		Eckpunkt eines Bézier-Polygons

P_{krit}		Punkt trennt oberen und unteren Rillenprofilbereich
r_t	mm	Fräsrillentiefe
Δr_t	mm	Differenz zweier Fräsrillentiefen
R_1, R_2	mm	Hauptkrümmungsradius
R_B	mm	Fräsbahnradius
R_N	mm	Sollkonturradius in der Normalprofilschnittebene
R_m^*		Bezugssystem
r		Radius
S		Schnittpunkt
$S_{d/2}$		Schnittpunkt des Kreises K_{2i} und der Geraden $\xi = d/2$
s	mm	Sehne; Strecke
t		Parameter
u		Gaußscher Parameter
u_i		Gaußscher Parameterwert
v		Gaußscher Parameter
v_i		Gaußscher Parameterwert
X		Werkstückkoordinate
x		Koordinate, Variable einer Funktion
Y		Werkstückkoordinate
y		Koordinate, Variable einer Funktion, Höhe des Fräsrillenprofils
y_i	mm	Koordinatenwert
Z		Werkstückkoordinate
z		Koordinate, Variable einer Funktion, Breite des Fräsrillenprofils

Δz	mm	Versatz eines Schaftfräsers mit Eckenradius zu einem Schaftfräser ohne Eckenradius in Richtung der Fräserachse
α	°	Winkel zwischen Flächennormale im Berührpunkt: Fräser-Werkstück und der Senkrechten
α	Bogenmaß	Winkel in der Normalprofilschnittebene zur Fräserbahnberechnung
β	°	Voreilwinkel
β_{krit}	°	Theoretisch ermittelter Voreilwinkel, der die Bedingung: kein Unterschnitt erfüllt
γ	°	Steigungswinkel einer Gerade
δ_i	°	Winkel zwischen der Flächennormale im Fräsbahnpunkt P_i und der Sehne s_j
δ_K	°	Winkel zwischen der Flächennormale im Fräsbahnpunkt P_i und der Sehne s_K
δ_{min}	°	Kleinster Winkel zwischen der Flächennormale im Fräsbahnpunkt P_i und den Sehnen $s_1 \ldots s_K$
ϵ	mm	Toleranzschranke
$\xi, \bar{\xi}$		Koordinate, Variable einer Funktion
ξ_{Si}	mm	Koordinatenwert des Schnittpunktes S_i
$\bar{\xi}_{Si}^{*}$	mm	Korrigierter Koordinatenwert
ξ_{krit}	mm	Koordinatenwert von Punkt P_{krit}
$\xi_{d/2}$	mm	Koordinatenwert von Punkt $S_{d/2}$
$\eta, \bar{\eta}$		Koordinate, Variable einer Funktion
$\bar{\eta}_{Si}$	mm	Koordinatenwert des Schnittpunktes S_i
η_{krit}	mm	Koordinatenwert von Punkt P_{krit}

$\eta_{d/2}$	mm	Koordinatenwert von Punkt $S_{d/2}$
ρ	mm	Eckenradius eines zylindrischen Schaftfräsers
ϕ		Funktion
$\phi^*_1 \ldots \phi^*_3$		Hauptebene eines kartesischen Koordinatensystems
φ		Analytische Beschreibung eines Fräsrillenprofils

Vektoren

$\mathfrak{U}_i$, $\mathfrak{U}_{ij}$	Einheitsvektor eines speziellen Bezugssystems zur allgemeinen Kurven- und Flächendefinition
a_i	Vektor eines Bézier-Polygons
i	Einheitsvektor in x-Richtung des kartesischen Koordinatensystems
j	Einheitsvektor in y-Richtung des kartesischen Koordinatensystems
$\mathfrak{K}_1 \ldots \mathfrak{K}_4$	Randkurve eines Pflasters
$\mathfrak{K}_{1v}$, $\mathfrak{K}_{2v}$	Flächenanstieg längs der Randkurven $\mathfrak{K}_1$ und $\mathfrak{K}_2$ in v-Richtung
$\mathfrak{K}_{3u}$, $\mathfrak{K}_{4u}$	Flächenanstieg längs der Randkurven $\mathfrak{K}_3$ und $\mathfrak{K}_4$ in u-Richtung
$\mathfrak{k}$	Einheitsvektor in z-Richtung des kartesischen Koordinatensystems
$\mathfrak{n}$	Flächennormale
$\mathfrak{P}_i$	Ortsvektor eines Kurvenpunktes
$\mathfrak{P}_{ij}$	Ortsvektor eines Flächenpunktes

$\mathfrak{P}_{(u_i)}$	Ortsvektor eines Kurvenpunktes an der Stelle u_i
$\mathfrak{P}_i^*$	Ortsvektor eines Bézier-Polygoneckpunktes
$\mathfrak{P}_{ij}^*$	Ortsvektor eines Bézier-Knotenpunktes
$\mathfrak{P}^r(u_i)$	r-te Ableitung des Ortsvektors in einem Kurvenpunkt an der Stelle u_i
$\mathfrak{P}_i^1$	Tangentenvektor in i-tem Kurvenpunkt
$\mathfrak{R}(u)$	Vektorform einer Kurvendefinition
$\mathfrak{R}(u,v)$	Vektorform einer Flächendefinition
$\mathfrak{R}_s(u,v)$	1. Vektorform nach Coons
$\mathfrak{R}_c(u,v)$	2. Vektorform nach Coons
$\mathfrak{R}_1 \ldots \mathfrak{R}_4$	Ortsvektoren der Eckpunkte eines viereckigen Flächenstücks (Pflaster)
$\mathfrak{R}_{u1} \ldots \mathfrak{R}_{u4}$	Tangentenvektoren in den Pflastereckpunkten in u-Richtung
$\mathfrak{R}_{v1} \ldots \mathfrak{R}_{v4}$	Tangentenvektoren in den Pflastereckpunkten in v-Richtung
$\mathfrak{R}_{uv1} \ldots \mathfrak{R}_{uv2}$	Twistvektor in einem Pflastereckpunkt
$\mathfrak{T}$	Tangentenvektor
$\mathfrak{U}_i$	i-ter Einheitsvektor eines allgemeinen Bezugssystems

<u>Indizes</u>

a	außen
EXAKT	Gesenkfräser mit gerader Stirn
i	innen; Zählvariable
j	Zählvariable

krit	kritisch
l	Zählvariable
opt	optimal
S	Schnittpunkt
SCHAFT	zylindrischer Schaftfräser
sich	Sicherheit

Symbole

A	Fräsbereichsdefinition
A1...A4	Fläche
C	Kurve
C1...C6	Kurve
CC1,CC2	Kurve
CS	Check Surface; Begrenzungsfläche für die Fräsbahn
DS	Drive Surface; Führungsfläche für den Fräser
FD00...FD11	Tangente in den Pflastereckpunkten (u-Richtung)
K	Einspannung des Schaftfräsers beim Umfangsfräsen in Bezug zur Fräsbahnrichtung
P1...P16	Punkt
PS	Part Surface; Führungsfläche für den Fräser
Q1...Q5	Punkt
R1...R5	Punkt
S	Fläche
S1...S5	Punkt

SD00...SD11	Tangente in den Pflastereckpunkten (v-Richtung)
SP00...SP11	Pflastereckpunkt
TW00...TW11	Twistvektor in den Pflastereckpunkten
V1,V2	Kurventangenten
VC	Flächentangente quer zur Spline-Kurve-Richtung
VN	Flächennormale
VN1	Kurvennormale
VS	Flächentangente in Spline-Kurve-Richtung

Verwendete Sprachworte

AREA	Fräsbereich
ATANGL	Winkel
AXIS	Achse
CALL/APTLFT	Aufruf der APT-Erweiterung APTLFT
CIRCLE	Fräserführung längs eines Kreises
CLPRNT	CLDATA-Ausdruck
CLW	Uhrzeigersinn
CRSSPL	Quer zur Spline-Kurven-Richtung
CURSEG	Ebene Kurve
CUTTER	Fräser
FEDRAT	Vorschub
FINI	Teileprogrammende
FLOW	Fräserführung längs Parameterkurven
FROM	Erste Fahranweisung

GENCUR	Fläche durch Raumkurven
GODLTA	Inkrementale Bewegungsanweisung
GOFWD	Richtungsangabe für eine Fräser-bewegung
GO/LOFT	Steuerung der APTLFT-Verarbeitung
GOTO	Absolute Bewegungsanweisung
IN	Innerhalb
ISLAND	Insel
LIMIT	Toleranzbereich
LINE	Fräserführung längs Gerade
MACHIN	Postprozessoransteuerung
MESH	Fläche durch Punktenetz
MULTAX	Mehrachsige Programmierung
NORMPS	Fräserachse senkrecht zur Werkstück-oberfläche (Part Surface, PS)
NORMAL	Normale
ON	Auf
OUT	Außerhalb
PARLEL	Umfangsfräsen (in Verbindung mit TLAXIS)
PARTNO	Teileprogrammanfang, -identifikator
PATCH	Flächenstück (Pflaster)
PNTSON	Pflaster aus Flächenpunkten
PNTVEC	Pflaster aus Eckpunktsinformationen
POLYGON	Pflaster aus Bézier-Knotenpunkten
PSIS	Definition der Part Surface
REVOLV	Fläche durch Rotation einer Raumkurve
RULED	Fläche durch Verschieben eines Vektors

SCURVE	Raumkurve
SPLINE	Spline-Interpolation durch Punkte
SSURF	Raumfläche
STOP	Programmhalt
TANSPL	Tangente
TLAXIS	Werkzeugachse
TLRGT	Beziehung des Werkzeugs zur Drive Surface
TO	Beziehung des Werkzeugs zur Check Surface
WEIGHT	Gewichtung

1. Einführung und Problemstellung

Gekrümmte Flächen werden häufig auch als beliebig gekrümmte
Flächen, frei entworfene bzw. frei geformte Flächen oder
komplexe Raumformen bezeichnet. Nicht selten wird auch der
englische Begriff "Sculptured Surfaces" verwendet. Kennzeichnend für diese Flächen ist, daß sie sich analytisch nicht
einfach beschreiben lassen.

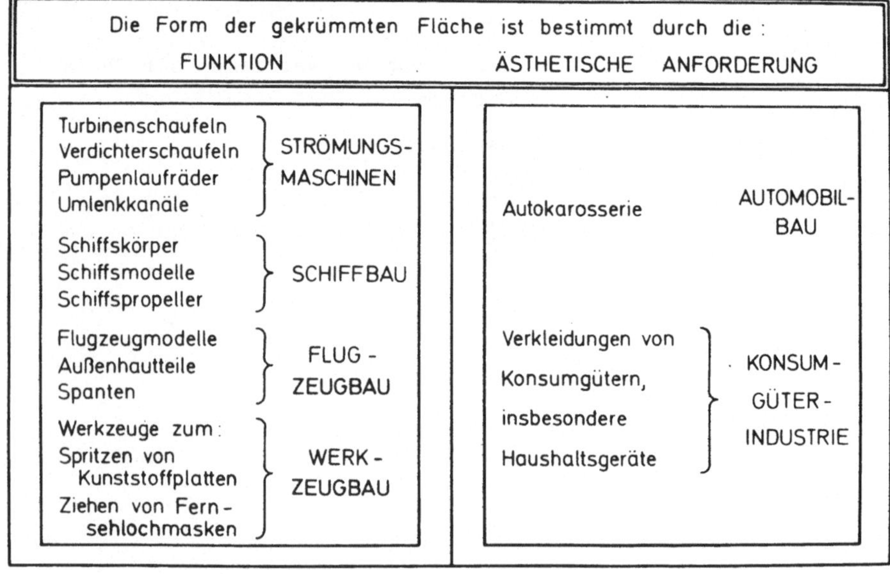

Bild 1-1: Aufteilung von Werkstücken mit gekrümmten Flächen
nach formbestimmenden Kriterien

Teile mit gekrümmten Flächen treten hauptsächlich im

> Automobilbau,
> Flugzeugbau,
> Schiffsbau,
> Strömungsmaschinenbau und
> Werkzeugbau

auf und haben entweder funktionelle oder ästhetische Kriterien
zu erfüllen. Bild 1-1 zeigt Produkte aus den verschiedenen
Fertigungsbereichen nach den beiden genannten Kriterien eingeteilt.

Die Produkte, deren Geometrie durch die Funktion bestimmt wird,
wie zum Beispiel bei Schiffspropellern, sind vielfach einzeln
oder nur in kleinen Stückzahlen herzustellen, während jene,
deren Geometrie durch ihr Aussehen bestimmt ist, wie zum Beispiel Karosserieteile, in Massen zu fertigen sind.

Zur Herstellung der komplizierten Produkte bieten sich die Fertigungsverfahren nach DIN 8580 an /1/.

Für die Einzel- oder Kleinserienfertigung kommen insbesondere
das Nachform- und NC-Fräsen (spanende Verfahren) sowie die
Funkenerosion und das elektrochemische Senken (abtragende Verfahren) in Betracht.

Zur Massenfertigung lassen sich vor allem die Urform- und Umformverfahren wirtschaftlich anwenden. Diese Verfahren benöti-
gen Hohlformwerkzeuge, deren vertiefte und erhabene Arbeits-
flächen ein Abbild der komplexen Teilgeometrie darstellen /2/.
Das eigentliche Problem der Massenfertigung von Teilen mit
komplexen Flächen ist in Wirklichkeit ein Problem des Formen-
und Werkzeugbaus und damit auch der Einzel- und Kleinserienfertigung.
Unter den für die Fertigung kleiner Stückzahlen geeigneten
Verfahren kommen den Fräsverfahren, dem Nachform- und dem NC-
Fräsen, die bedeutendste Rolle zu. Sie sind oft auch für den
Einsatz abtragender Verfahren Voraussetzung, nämlich zur Fertigung der Elektroden und zur eventuellen Vorbearbeitung des
Werkstücks.
Bekanntlich läßt sich die Einzelteile- und Kleinserienfertigung
durch den Einsatz von NC-Werkzeugmaschinen automatisieren. Auch
wegen des zunehmenden Einsatzes der elektronischen Datenverar-
beitung in den verschiedenen Betriebsbereichen gewinnt das NC-
Fräsen immer größere Bedeutung.

Es ist dreiachsiges und fünfachsiges Fräsen möglich. Das bekanntere dreiachsige Fräsen ist dadurch gekennzeichnet, daß der Fräser hinsichtlich seiner Lage im Raum bahngesteuert wird, wobei die Fräserachse während eines Bearbeitungsabschnitts ununverändert bleibt. Das dreiachsige Fräsen wird in den in Bild 1-1 genannten Bereichen schon seit einigen Jahren zur Fertigung gekrümmter Flächen, vor allem aber im Automobilbau zur Modellfertigung /3,4/ eingesetzt.

Beim fünfachsigen Fräsen wird der Fräser hinsichtlich seiner Lage im Raum sowie seiner Achsrichtung numerisch bahngesteuert /5/. Es bietet gegenüber dem dreiachsigen Fräsen bemerkenswerte geometrische und technologische Vorteile. Trotzdem kam es bisher, vor allem in Europa, nur sehr vereinzelt zur Anwendung. Die Gründe dafür sind: der gegenüber dem dreiachsigen Fräsen größere Aufwand an Maschine, Steuerung und Programmierung, die wenigen durchgeführten und bekannt gewordenen Untersuchungen und die fehlenden Veröffentlichungen über praktische Erfahrungen mit diesem jungen Fräsverfahren.

Besonders problematisch ist heute noch die Programmierung, d. h. die rechnerunterstützte Steuerlochstreifenerstellung für die fünfachsige Fräsbearbeitung gekrümmter Flächen. Die bekannten Programmiersysteme, die diese Programmierung ermöglichen, haben sehr unterschiedliche Fähigkeiten und genügen im allgemeinen den an fünfachsige Fräsbearbeitungen gestellten technologischen und wirtschaftlichen Bedingungen noch nicht.

In der vorliegenden Arbeit wird daher zunächst der Stand der Technik des fünfachsigen Fräsens dargestellt, davon ausgehend werden die für die Programmierung fünfachsiger Fräsbearbeitungen in Frage kommenden Programmiersysteme untersucht, gegeneinander abgegrenzt und ihre Eignung kritisch betrachtet.

Voraussetzung für die Programmierung gekrümmter Flächen ist eine rechnergeeignete numerische Flächendarstellung. Eine grundlegende Untersuchung und Bewertung aller Darstellungsmöglichkeiten ist aus der Literatur nicht bekannt. Daraus ergibt

sich die Notwendigkeit, die Möglichkeiten numerischer Flächendarstellungen zu ordnen und zu bewerten.

Wesentliches Ziel der Arbeit ist es, die erkannten Mängel der
untersuchten Programmiersysteme durch die Entwicklung brauch-
barer Lösungen und Rechenprogramme und durch Programmierhin-
weise unter Beachtung der besonderen technologischen Möglichkeiten des fünfachsigen Fräsens zu beseitigen.

2. Das fünfachsige Fräsen

2.1 Definition und Abgrenzung

Beim fünfachsigen Fräsen wird relativ zum Werkstückkoordina-
tensystem die Fräserachsrichtung und die Lage der Fräserspitze
kontinuierlich, simultan und gesteuert verändert (Bild 2-1,
Fallbeispiel IV). Als Fräserspitze wird der Durchstoßpunkt
der Fräserachse durch die Fräseraußenform bezeichnet.

Fallbeispiel	I	II	III	IV
Bahngesteuerte Bewegungen	2	3	3	5
Positionier- bewegungen	1	-	2	-
Bezeichnung	2 1/2 D	3 D	-	-

Bild 2-1: Methoden der numerisch gesteuerten Fräsbearbeitung /5/

Das fünfachsige Fräsen ist also ausschließlich durch die Art
der Fräser-Werkstück-Zuordnung beim Fräsvorgang und nicht etwa
durch die Achsanzahl und Achskombination der Fräsmaschinen und
die Art ihrer Steuerungen definiert. Danach kann fünfachsiges
Fräsen ebenso durch eine fünfachsige Nachformfräsmaschine wie
durch eine fünfachsig numerisch gesteuerte Fräsmaschine realisiert werden. Im folgenden wird jedoch immer nur das fünfachsige NC-Fräsen behandelt und der Vereinfachung wegen als
fünfachsiges Fräsen bezeichnet.

Aus Einschränkungen gegenüber dem fünfachsigen Fräsen, das den allgemeinsten Fall der Fräsbearbeitung darstellt /6/, ergeben sich die bekannteren Fräsverfahren. Sie sind in Bild 2-1 als Fallbeispiel I, II und III skizziert.

Beim $2\frac{1}{2}$ -D-Fräsen werden, wie es Fallbeispiel I zeigt, eine Achse positioniert und zwei weitere Achsen bahngesteuert.

Die 3D-Fräsbearbeitung ist dadurch gekennzeichnet, daß die Lage der Fräserspitze bahngesteuert wird, jedoch die Fräserachsrichtung durch Steuerung nicht veränderbar ist (Fallbeispiel II, dreiachsige Bearbeitung).

Beim Fallbeispiel III ist die Fräserachsrichtung numerisch gesteuert positionierbar. Sie bleibt aber während eines Bearbeitungsabschnittes konstant. Diese Art der Bearbeitung ersetzt vor allem Dreh- und Kippvorrichtungen.

2.2 <u>Möglichkeiten und Vorteile</u>

Beim fünfachsigen Fräsen kann die Fräsergeometrie besser der Werkstückgeometrie angepasst werden (Bild 2-2). Im allgemeinen Fall, also bei gekrümmten Flächen, führt dies im Vergleich zum dreiachsigen Fräsen bei gleicher Fräsrillentiefe zu größeren Fräsbahnbreiten, also zu weniger Fräsbahnen und demzufolge zu kürzeren Bearbeitungszeiten, und bei gleicher Fräsbahnenanzahl zu kleineren Rillentiefen und kleinerem Nachbearbeitungsaufwand.

Bei zwei speziellen Arten von Flächen, den Regelflächen und den Kugelflächen, ist sogar eine vollständige Anpassung des Fräsers möglich (Bild 2-2, Mitte und unten).

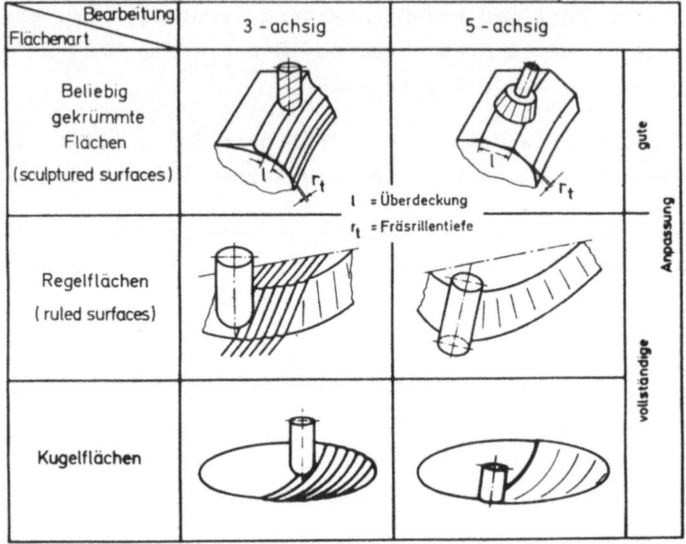

Bild 2-2: Anpassung des Fräsers an die Werkstückgeometrie beim dreiachsigen und fünfachsigen Fräsen

Konvexe und konkave Regelflächen lassen sich am vorteilhaftesten durch die zylindrischen und leicht kegeligen Mantelflä-
chen geeigneter Fräswerkzeuge (Bild 5-5), also durch Umfangsfräsen, erzeugen. Große Fräsbahnbreiten bei nicht zu langsamen
Vorschubgeschwindigkeiten und zufriedenstellender Oberflächen-
güte sind möglich.

Konvexe Regelflächen können auch durch Fräserstirnflächen, die
bis weit zur Fräsermitte hin Schneiden haben, erzeugt werden.
Der Fräser muß dazu senkrecht zur Fläche geführt und der Be-
rührungspunkt mit dem Werkstück möglichst weit zur Fräserachse
hin gelegt werden. Nach /6/ ist diese Fräsart wegen des auf-
tretenden Tauchschnitts problematisch.

Die Kugelflächen dagegen sind nur durch die Fräserstirnseite
herstellbar, konkave durch den Stirnaußendurchmesser und kon-

vexe durch den Stirninnendurchmesser.

Werkstücke mit Regel- und Kugelflächen können also besonders
vorteilhaft durch fünfachsiges Fräsen gefertigt werden.

Fast immer enthalten Werkstücke mit komplexen Werkstückgeometrien Regelflächen. Das in Bild 2-3 dargestellte Ziehwerkzeug
für ein Karosserieseitenteil ist ein Beispiel aus dem Bereich
Werkzeugbau mit zahlreichen, auch schwierigeren Regelflächen.

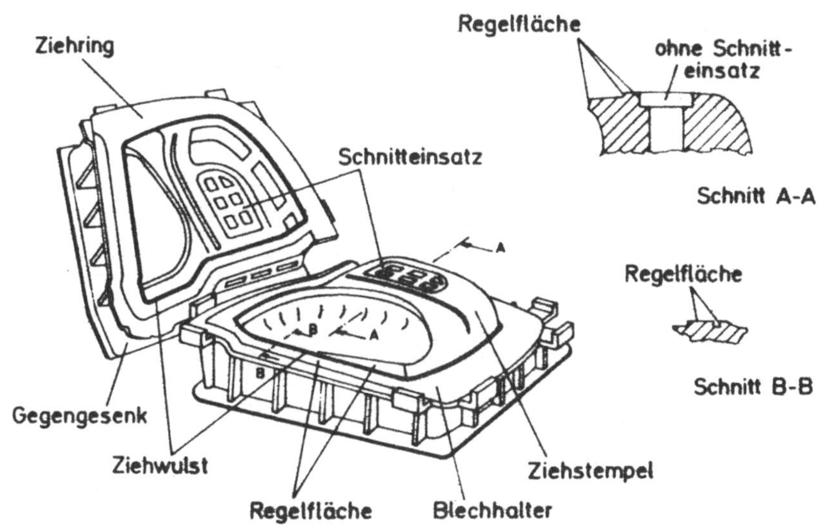

Bild 2-3: Ziehwerkzeug für ein Karosserieseitenteil

Schwierige Regelflächen sind Auflageflächen und Nuten. Sie
werden aus zwei bzw. drei Regelflächen gebildet und treten
an Karosseriewerkzeugen als Nebenformelemente (z.B. Sicken),
als Aufnahmen von Nebenformelementen, Ziehleisten, Schnitt-
und Biegeleisten und als Blechhalterflächen auf. Während die
beliebig gekrümmten Auflagen, wie zum Beispiel die im Bild
2-3 zur Aufnahme des Schnitteinsatzes dargestellte, auch
durch dreiachsiges Fräsen mit Nachbearbeitung herstellbar

sind, lassen sich räumlich gekrümmte, enge Nuten nur durch fünfachsiges Fräsen herstellen.

Weitere Regelflächen sind Schaufeln an Pumpenlaufrädern, Rippen, Stege und Anschlußflächen von Flugzeugteilen sowie Flügelteile von Flugzeugmodellen.

Die bessere Anpassung des Fräsers an die Werkstückfläche, bedingt durch die senkrechte bzw. fast senkrechte Stellung des Fräsers zur Werkstückfläche, bietet neben den erwähnten geometrischen Vorteilen auch technologische. Es lassen sich Messerköpfe einsetzen, die größere Fräsbahnbreiten bei größeren Schnittgeschwindigkeiten und besseren Oberflächengüten /6/ ermöglichen. Weitere Vorteile sind in Bild 2-4 im Vergleich zum dreiachsigen Fräsen dargestellt.

Vergleich	Bahnzerlegung	Schnittbedingungen an konvexen Flächen	Schnittbedingungen an konkaven Flächen
3-achsige Fräsbearbeitung	Eilgang — Überlappung / Vorschubrichtung	Ziehschnitt — Tauchschnitt	Tauchschnitt
5-achsige Fräsbearbeitung	Zickzackförmige Bahnen	Stirnfräsen senkrecht zur Oberfläche	Einschwenken senkrecht zur Oberfläche
Vorteil	Weniger Wege bei gleichen Vorschubgeschwindigkeiten	Größere Vorschubgeschw., da ohne Tauchschnitt	Eintauchstelle muß nicht vorgebohrt werden

Bild 2-4: Technologische Vorteile der fünfachsigen Fräsbearbeitung (nach /5/)

Gleichförmige, definierte Schnittbedingungen erlauben bei gleichen Vorschubgeschwindigkeiten geringere Leerwege, da zickzackförmiges Abarbeiten möglich ist (Bild 2-4, links). Bildmitte und rechter Bildteil zeigen, daß der Tauchschnitt beim fünfachsigen Fräsen vermeidbar ist. Verzichtet man beim dreiachsigen Fräsen auf diese Schnittart und arbeitet nur im Ziehschnitt, so sind viele Leerwege notwendig.

Der zerspanungstechnologisch problematische "Kugelkopffräser" (Bild 5-5) kann fünfachsig so geführt werden, daß günstigere Fräserbereiche mit größerer Schnittgeschwindigkeit und größeren Spanräumen zum Einsatz kommen.

Schließlich ermöglicht das fünfachsige Fräsen, ein Werkstück mit wenigen Aufspannungen zu bearbeiten. Geringerer Aufwand für Spannvorrichtungen und höhere Genauigkeiten sind die Folge /6/.

Durch das fünfachsige Fräsen lassen sich Haupt-, Neben- und Rüstzeiten erheblich verkürzen. Der Aufwand für eine eventuell nachfolgende manuelle Nachbearbeitung der gefrästen Fläche kann im allgemeinen wesentlich verringert werden /6/.

2.3 Voraussetzungen

Das fünfachsige Fräsen setzt eine in fünf Achsen steuerbare Fräsmaschine, eine numerische Steuerung, die in fünf Achsen simultan zu steuern vermag, ein Programmiersystem und einen Postprozessor für die rechnerunterstützte Erstellung des Steuerlochstreifens voraus /5/.

2.3.1 <u>Fünfachsen-Fräsmaschine</u>

Die Definition der Fünfachsen-Fräsmaschine ergibt sich sinngemäß aus der Definition des fünfachsigen Fräsens in 2.1:
Eine Fräsmaschine, die relativ zum Werkstück die Lage der
Fräserspitze und die Richtung der Fräserachse simultan und
gesteuert verändern kann, ist eine Fünfachsen-Fräsmaschine.

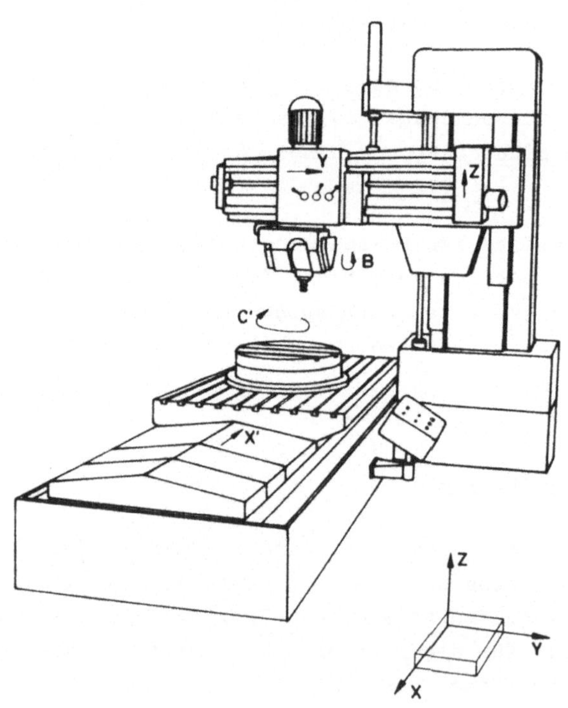

<u>Bild 2-5</u>: Fünfachsen-Fräsmaschine

Es sind verschiedene Bauformen von Fräsmaschinen möglich,
die diese Bedingungen erfüllen können. Jede von ihnen ist
nur für ein bestimmtes Werkstückspektrum vorteilhaft einzu-
setzen. Der Anwender muß deshalb, ausgehend von seinen Fer-
tigungsaufgaben, sehr sorgfältig die geeignete Bauform auswählen.

Der geometrische Aufbau und die Auslegung von Fünfachsen-
Fräsmaschinen wird in /6/,/7/ und /8/ untersucht.

Die in Bild 2-5 gezeigte Fünfachsen-Fräsmaschine zeichnet
sich durch einen sehr universellen Anwendungsbereich aus.
Sie wurde am Institut für Steuerungstechnik der Werkzeugmaschinen und Fertigungseinrichtungen der Universität Stuttgart aufgebaut. Eine Änderung der Fräserachsrichtung wird
durch zwei rotatorische Achsen erreicht: durch den um $\pm$ 95$^\mathrm{o}$
drehbaren Schwenkkopf B und den um 360$^\mathrm{o}$ drehbaren Drehtisch
C'. Die translatorischen Achsen sind der Bettschlitten X',
der Ausleger Z und der Support Y. Der Beistrich kennzeichnet
nach /10/ die werkstücktragenden Achsen im Gegensatz zu den
werkzeugtragenden Achsen. Der lange, durch verstellbare Frä-
seraufnahmen noch variable Schwenkkopfradius ermöglicht es,
verhältnismäßig sperrige Werkstücke kollisionsfrei zu bearbeiten.

2.3.2 Numerische Steuerung

Eine Fünfachsen-Fräsmaschine erfordert eine numerische
Steuerung, die mindestens in fünf Achsen simultan steuern
kann. Die Fünfachsen-Fräsmaschine in Bild 2-5 wird von einer
CNC (Computerized Numerical Control), einer Steuerung mit
einem programmierbaren Kleinrechner, die sich durch große
Flexibilität auszeichnet, gesteuert. Die CNC läßt sich durch
Hinzufügen bzw. Austausch von Programmen den verschiedenen
Aufgaben anpassen. Programme dieser Steuerung ermöglichen
die lineare und parabolische Interpolation /11/ sowie eine
Nullpunktverschiebung. Zirkulare Interpolation in den Hauptebenen, maßstäbliches Vergrößern und Verkleinern der Achs-
koordinaten, Radius- und Längenkorrektur des Fräsers und
Vorschubänderung sind nur für das dreiachsige Fräsen möglich.
Wichtigste Eingabedaten sind die Maschinenkoordinaten, das
sind die Koordinaten für die fünf Maschinenachsen, zwischen
denen die Steuerung interpolieren muß, und die Verfahrzeiten
jeweils zwischen zwei aufeinanderfolgenden Positionen /6/.
Im allgemeinen sind die zu fertigenden Werkstückgeometrien
komplex und die optimalen Schnittwerte für eine fünfachsige
Fräsbearbeitung unbekannt. Daher müssen die zuerst erstellten
Steuerinformationen an der Maschine, also im Fertigungsbereich, getestet werden.

In der Arbeitsvorbereitung, dem vorgelagerten Betriebsbe-
reich, wird das Teileprogramm (Definition siehe 2.3.3) unter
Berücksichtigung der beim Testen ermittelten Korrekturen ge-
ändert und schließlich im Rechenzentrum ein neuer Steuerlochstreifen erstellt, der dann erneut getestet werden muß
(Bild 2-6, links).

Dieser Aufwand für Korrekturen läßt das fünfachsige Fräsen
für viele Werkstücke unwirtschaftlich werden. Daher wird

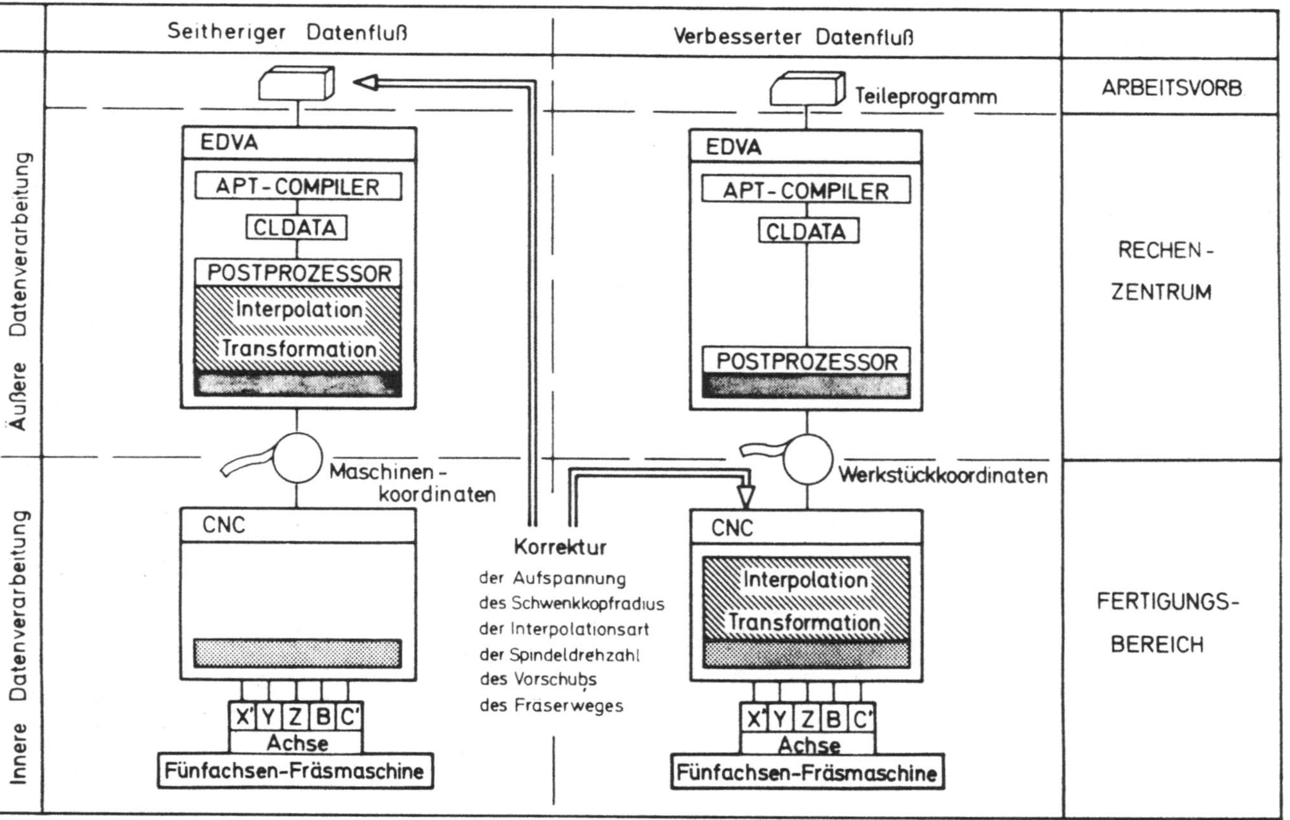

Bild 2-6: Vergleich des seitherigen und verbesserten Datenflusses (nach /6/)

in /6/ ein "Konzept des verbesserten Datenflusses" vorgeschlagen (Bild 2-6, rechts). Das Konzept sieht die Korrektur
an der Steuerung vor, also im Fertigungsbereich. Für den Fall
einer Auftragswiederholung müssen dann allerdings die Korrekturen der Arbeitsvorbereitung mitgeteilt werden.

Im verbesserten Datenfluß hat die CNC Aufgaben des
Postprozessors (siehe 2.3.3.3) zu übernehmen, die bei den
üblichen Korrekturen, wie z.B. Änderung der Werkstückaufspannung und der Fräserlänge, einen Einfluß auf die Lochstreifeninformationen haben. Diese Aufgaben sind die Interpolation
von Punkten zwischen zwei aufeinanderfolgenden Positionen
(Bild 2-13) und die Transformation der Werkstückkoordinaten
in die Maschinenkoordinaten. Dem Postprozessor bleibt nur
noch, wie übrigens bei jedem Dreiachsen-Postprozessor, die
CLDATA, das Ausgabeformat eines Compilers (siehe 2.3.3) der
APT-Familie (siehe 2.3.3.1), in das Eingabeformat der CNC
umzuformen. Eine Übernahme dieser Aufgaben durch die CNC
setzt jedoch die Entwicklung entsprechender CNC-Programme
voraus /12/.

2.3.3 Programmierung

Die Erstellung eines Steuerlochstreifens für eine fünfachsige
Fräsaufgabe, im folgenden Programmierung genannt, ist wegen
der meist komplexen Werkstückgeometrie, der schwierigen räumlichen Fräser-Werkstück-Zuordnung und der komplizierten Kinematik der Maschine nur rechnerunterstützt wirtschaftlich.

Zur einfachen Eingabebeschreibung bei der Programmierung
steht in der Regel eine fertigungstechnisch orientierte Programmiersprache zur Verfügung. Bei der Programmierung formuliert der Programmierer zunächst in sogenannten Anweisungen
die durchzuführende Fertigungsaufgabe. Alle Anweisungen bilden das Teileprogramm, das die Eingabe für das entsprechende

Verarbeitungsprogramm (Compiler) darstellt.

Das Verarbeitungsprogramm berechnet aus dem Teileprogramm die
CLDATA (cutter location data) /13/. Im engeren Sinne sind damit die Fräserpositionsdaten, also die Koordinaten der Frä-
serspitzen und der Richtungskosinus der Fräserachsen gemeint.
Im weiteren Sinne versteht man unter dem CLDATA die Ausgabe-
datei eines Verarbeitungsprogramms der APT-Familie. Die
CLDATA ist die Eingabe des Nachverarbeitungsprogramms (Postprozessor), das diese Daten an das spezielle Format einer bestimmten numerischen Steuerung und Maschine anpaßt und Steuerinformationen in Form eines Ausdrucks und Lochstreifens
ausgibt.

Bei der Programmierung sind zu unterscheiden: Werkstücke mit
analytisch einfach beschreibbarer Geometrie einerseits (Bild
2-7, links) und mit analytisch nicht einfach beschreibbarer
Geometrie andererseits (Bild 2-7, rechts)

Bild 2-7: Einteilung von Werkstückgeometrien nach der Form
ihrer Beschreibung /5/

Grundelemente analytisch einfach beschreibbarer Werkstückgeometrien sind Ebenen, Zylinder, Kegel, Kugeln und allgemeine Flächen 2. Ordnung. Als Sonderflächen können Regelflächen und Flächen, die sich entweder durch Projektion einer ebenen Raumkurve oder durch eine kontinuierliche Folge paralleler Kegelschnitte definieren lassen, hinzugezählt werden (Bild 2-8).

▱	$ax + by + cz + d = 0$	Ebene		Fläche 1. Ordnung
(Zylinder)	$x^2 + y^2 - r^2 = 0$ $-\infty < z < +\infty$	Zylinder	Rotationsflächen	Flächen 2. Ordnung
(Kegel)	$\dfrac{x^2}{a^2} + \dfrac{y^2}{b^2} - \dfrac{z^2}{c^2} = 0$	Kegel		
(Kugel)	$x^2 + y^2 + z^2 - r^2 = 0$	Kugel		
(Hyperboloid)	$\dfrac{x^2}{a^2} + \dfrac{y^2}{b^2} - \dfrac{z^2}{c^2} - 1 = 0$	Rotationshyperboloid		
(Paraboloid)	$\dfrac{x^2}{a^2} - \dfrac{y^2}{b^2} - z = 0$	allgemeine Flächen 2. Ordnung z.B. hyp. Paraboloid		
(Regelfläche)		Regelflächen (ruled surface)		Sonderflächen
(Fläche)		Fläche ist definiert durch Verschieben einer ebenen Kurve längs eines Vektors (tabcyl)		
(Fläche)		Fläche ist definiert durch eine kontin. Folge parall. Kegelschnitte (polyconic)		

Bild 2-8: Beispiele für analytisch einfach beschreibbare Flächen

2.3.3.1 Programmierung analytisch einfach beschreibbarer Werkstückgeometrien

Die Programmierung analytisch einfach beschreibbarer Werkstückgeometrien ist vor allem durch das Programmiersystem APT (Automatically Programmed Tool) möglich. Mit diesem universellen, weltweit bekannten und bewährten System lassen sich in geometrischen Anweisungen die im Bild 2-8 dargestellten Flächen als Werkstückflächen (part surfaces), Leitflächen (drive surfaces) und Begrenzungsflächen (check surfaces) definieren /14/. Das in einer weiteren Anweisung spezifizierte Fräswerkzeug läßt sich wie in Bild 2-9 durch Fahranweisungen entlang der Werkstückfläche und der Leitfläche bis zu der Begrenzungsfläche führen. Die Umstellung des APT-Programmiersystems auf die Programmierung fünfachsiger Fräsaufgaben wird durch die MULTAX-Anweisung (MULTAX = multi axis) bewirkt. Die Anweisung TLAXIS/NORMPS (tool axis normal part surface) legt eine senkrechte Führung des Fräsers zur Werkstückfläche fest.

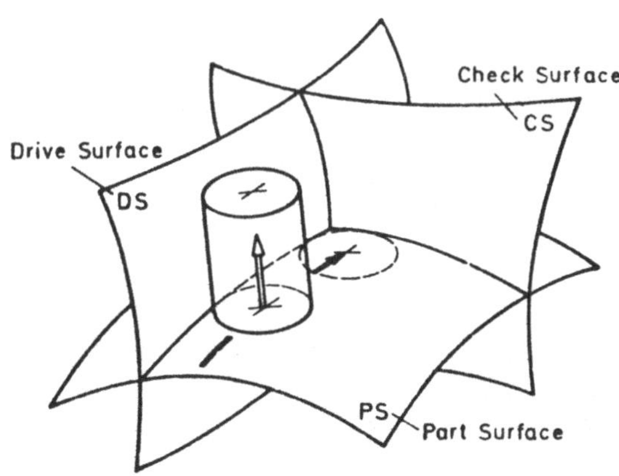

Bild 2-9:
Definition einer fünfachsigen Fräserbewegung im APT-Teleprogramm

Definition einer fünfachsigen Fräserbewegung
im APT-Teileprogramm (Beispiel):

```
MULTAX
TLAXIS/NORMPS
PSIS/PS
TLRGT,GOFWD/DS,TO,CS
```

Die Programmiersprache APT reicht im allgemeinen für die Programmierung von durch normgerechte Zeichnungen vollständig beschriebene Werkstückflächen aus. Ein eindrucksvolles Beispiel dafür ist die in /15/ beschriebene Darstellung
von Geometrien in der APT-Sprache zur Konstruktion und Fertigung von Schmiedegesenken.

2.3.3.2 Programmierung analytisch nicht einfach beschreibbarer Werkstückgeometrien

Die Programmierung analytisch nicht einfach beschreibbarer Werkstückgeometrien ist sowohl für die dreiachsige als auch für die fünfachsige Fräsbearbeitung schwierig.

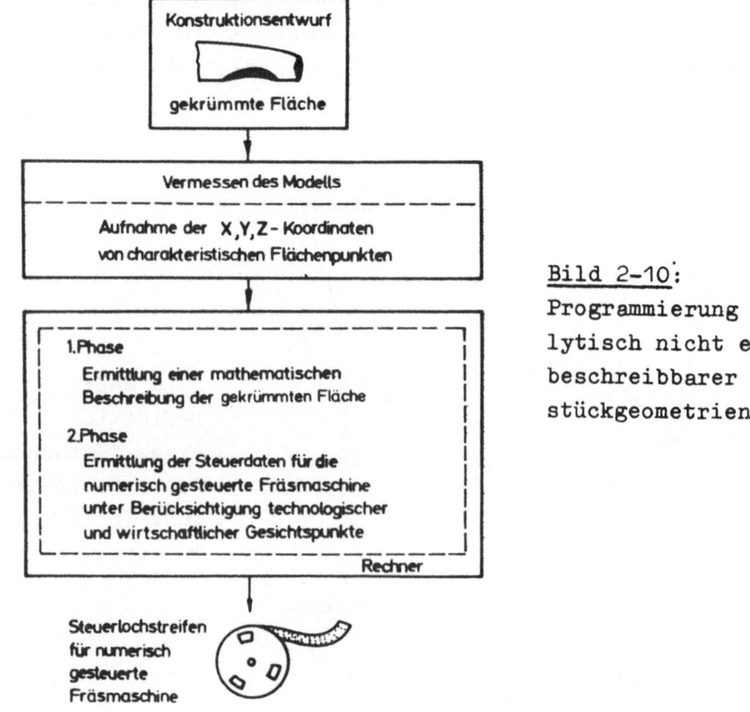

Bild 2-10: Programmierung analytisch nicht einfach beschreibbarer Werkstückgeometrien /1/

In Bild 2-10 wird am Beispiel einer analytisch nicht einfach
beschreibbaren, funktionsmäßig nicht erfaßten Geometrie,
nämlich einer Karosseriefläche, vereinfacht der Programmablauf gezeigt. Ähnliches gilt für die analytisch nicht einfach
beschreibbaren, funktionsmäßig schon erfassten Geometrien,
wie zum Beispiel den Plattenspritzkopf in der Mitte von Bild
2-7. An Stelle der gemessenen Punkte sind hier berechnete
Punkte die Ausgangsdaten.

In einer ersten Phase wird mit Hilfe eines geeigneten Programmiersystems und einer Datenverarbeitungsanlage eine mathematische Beschreibung der gekrümmten Fläche erzeugt. In
der zweiten Phase ist sie für die Berechnung von Fräsbahnen
und Steuerdaten nach geometrischen, technologischen und wirtschaftlichen Gesichtspunkten, je nach den Möglichkeiten des
zur Verfügung stehenden Programmiersystems, Voraussetzung.

Zahlreiche Programmiersysteme mit dem in Bild 2-10 gezeigten
Programmablauf wurden in den letzten Jahren für das drei- und
fünfachsige Fräsen entwickelt und vorgestellt.

Sie lassen sich einteilen in Systeme, die ausschließlich der
Programmierung dienen (Bild 2-11, links), und in Systeme, die
neben der Programmierung auch für den Entwurf und die Konstruktion gekrümmter Flächen geeignet sind (Bild 2-11, rechts).

Eine weitere Einteilung der in Bild 2-11 gezeigten Systeme
ist nach der Art des Zusammenspiels Mensch - Rechner möglich.

Alle Programmiersysteme, die ausschließlich der Programmierung gekrümmter Flächen dienen (Bild 2-11, links), und etwa
die Hälfte der Systeme, die neben der Programmierung auch den
Entwurf und die Konstruktion gekrümmter Flächen ermöglichen,
sind für den Stapelverarbeitungsbetrieb ausgelegt.

Die in einem Teileprogramm formulierten Anweisungen werden als
eine Rechenaufgabe in den Großrechner eingelesen und in die
Folge weiterer, schon eingelesener Rechenaufgaben, die suk-
zessive (stapelweise) abgearbeitet werden, eingereiht. Die

Verarbeitung des Teileprogramms erfolgt schließlich durch das
Verarbeitungsprogramm des entsprechenden Programmiersystems.

SYSTEME ZUR PROGRAMMIERUNG GEKRÜMMTER FLÄCHEN	
Ausschliesslich zur Programmierung	Zum Entwurf, Konstruktion, graph. Darstellung und Programmierung
BSURF	DIMNUC
FMILL-APTLFT	MCAIR ●
HAPT-3D	POLYSURF ●
SCULPTURED SURFACES	NMG
(APT-ERWEITERUNGEN)	MULTIPATCH ●
	MULTIOBJECT ●
GEMESH	UNISURF ●
	AUTOKON
GDV50/DBMILL	FORMELA
OKISURF	TOYOTA
SURF1	EUKLID ●
SURFAPT	DBSURF
DASP	REFSON ●

▢ Programmierung fünfachsiger Fräsbearbeitung möglich   ● Dialogsysteme

Bild 2-11: Systeme zur Programmierung gekrümmter Flächen

Programmiersysteme für die Stapelverarbeitung haben den Vorteil, daß sie weniger als die Dialogsysteme einer bestimmten
Rechnerkonfiguration angepaßt sein müssen.

Die mit schwarzem Punkt gekennzeichneten Programmiersysteme
lassen ein Arbeiten im Dialogverkehr zu. Ihre Dialogfähig-
keiten sind jedoch sehr unterschiedlich.

Die Programmiersysteme können schließlich noch nach ihren Programmiermöglichkeiten eingeteilt werden.

Nur die umrandeten Systeme ermöglichen neben der Programmierung für das dreiachsige Fräsen die Programmierung für das fünfachsige Fräsen. Keines von allen befriedigt voll die Forderung nach einer einfachen, schnellen, zuverlässigen und damit wirtschaftlichen Programmierung. In einem folgenden Abschnitt sollen daher diese Programmiersysteme vorgestellt, die Unzulänglichkeiten und ihre Gründe herausgearbeitet und Verbesserungsvorschläge gemacht werden.

2.3.3.3 Postprozessor

Der Postprozessor paßt die Rechnerergebnisse eines bestimmten Verarbeitungsprogramms, z.B. die CLDATA der APT-ähnlichen Programmiersysteme, einer speziellen numerischen Steuerung und Maschine an und gibt sie dann zur Steuerung einer NC-Maschine auf einem Lochstreifen und für den Arbeitsvorbereiter und Bedienungsmann auf geeigneten Kontrollisten aus.

In Bild 2-12 ist der stark vereinfachte Datenfluß eines Postprozessors dargestellt /6/. Neben den im Bild dargestellten Arbeitsschritten sind für den leistungsfähigen Postprozessor einer Fünfachsen-Fräsmaschine, im folgenden Fünfachsen-Postprozessor genannt, folgende Punkte besonders wichtig:

- die Transformation der Werkstückkoordinaten in die Maschinenkoordinaten

- die Kontrolle, ob die Maschinenkoordinaten und Vorschubbewegungen innerhalb der zulässigen Grenzen der Fräsmaschine liegen

- die Kompensation von Maschinenfehlern (z.B. der Umkehrspanne) und

- die Kompensation des kinematischen Fehlers durch
  Interpolation von Zwischenpunkten.

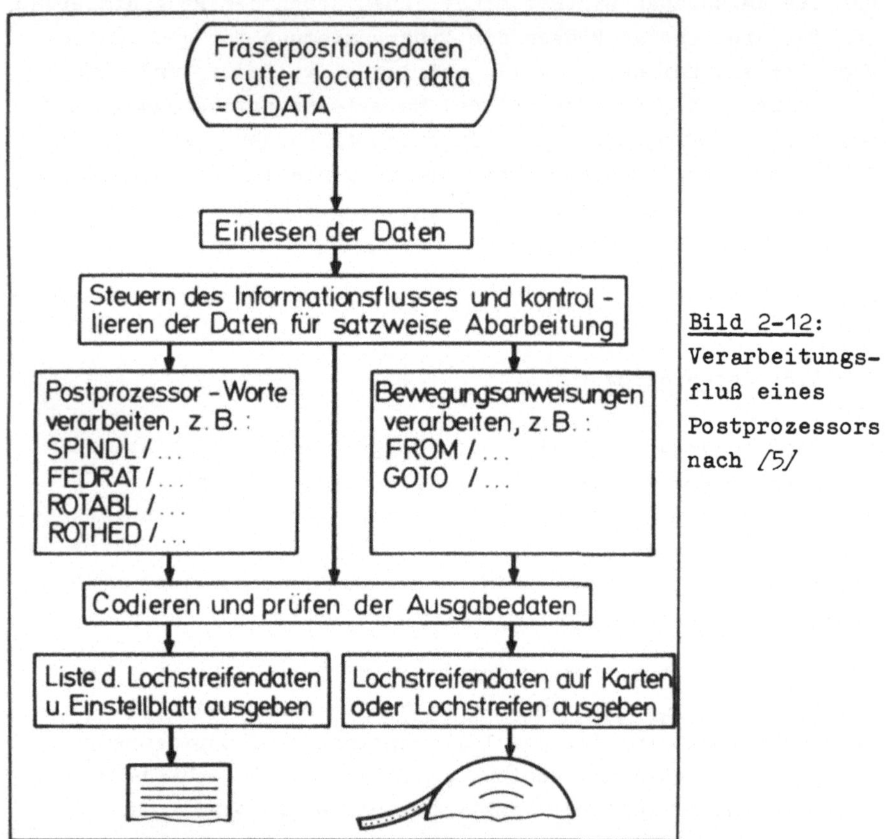

Bild 2-12:
Verarbeitungs-
fluß eines
Postprozessors
nach /5/

Der kinematische Fehler entsteht durch die fünfachsige Fräserführung zwischen zwei Fräsbahnpositionen. Er ist definiert als
die Abweichung vom "Cutvector", dem Vektor von einer Fräserposition zur anderen. Ausführliche Untersuchungen hierzu wurden
durchgeführt /6,16,17/. Die Kontrolle bzw. Kompensation dieses
Fehlers im Fünfachsen-Postprozessor ist schwierig und nur näherungsweise sinnvoll lösbar /6/.

Die Ausschnitte aus zwei gekrümmten Flächen gleicher Flächenform in Bild 2-13 zeigen den kinematischen Fehler und seine
Verringerung durch Interpolation von Zwischenpunkten.

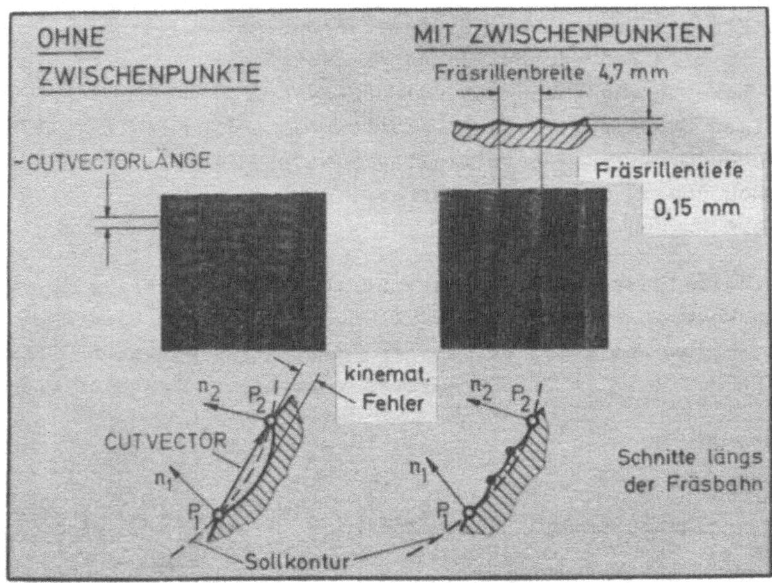

Bild 2-13: Verringerung des kinematischen Fehlers durch Interpolation von Zwischenpunkten (Ausschnitte gefräster
Flächen)

Diese Darstellung des Standes der Technik macht deutlich, daß
die Programmierung gekrümmter Flächen nur sehr eingeschränkt
bzw. nicht möglich ist.

Im folgenden werden die in Frage kommenden Programmiersysteme
analysiert. Es werden ihre Fähigkeiten gegeneinander abgegrenzt
und ihre Mängel herausgearbeitet.

3. Programmiersysteme für die fünfachsige Fräsbearbeitung gekrümmter Flächen

Es ist nicht erforderlich, alle für die Programmierung gekrümmter Flächen brauchbaren Systeme vorzustellen. Es genügt, von
den in Bild 2-11 durch Rahmen gekennzeichneten Systemen nur die
APT-Erweiterungen und das OKISURF-System zu betrachten. Die
übrigen Systeme, die hauptsächlich zum Aufbau einer numerischen
Flächendarstellung entwickelt wurden, bedienen sich im wesentlichen dieser Programmiersysteme, die in das Gesamtsystem integriert wurden /18,19,20/.

Das HAPT-3D-System /21/ ist eine japanische Entwicklung und vom
Grundkonzept mit dem SCULPTURED SURFACES-System identisch. Da-
her werden im folgenden nur das FMILL-APTLFT-, das SCULPTURED
SURFACES- und das OKISURF-System vorgestellt und analysiert.

3.1 Erweiterungen des APT-Systems

3.1.1 FMILL-APTLFT-System

Das FMILL-APTLFT-Programmiersystem wurde in den sechziger Jahren von der Boeing-Company in den USA zur Programmierung gekrümmter Flächen als APT-Erweiterung konzipiert. Das Verarbeitungsprogramm, in FORTRAN IV programmiert, wurde im Jahre 1963
erstmals vorgestellt. Viele Jahre war es die einzige Möglichkeit, analytisch nicht einfach beschreibbare Flächen, die nur
durch einige genau gemessene bzw. berechnete Punkte vorgegeben
waren, zu programmieren, und kam daher häufig zur Anwendung.
Inzwischen wurde das System schrittweise verbessert und wei-
terentwickelt und ist heute weitverbreitet und in verschiedenen Ausbaustufen auf bekannten Rechenanlagen, wie z.B. der IBM
/22,23/ und UNIVAC /24/ verfügbar. Es ist bekannt als ein zuverlässiges und in der Benutzung einfach zu handhabendes, wenn
auch in seinen Möglichkeiten beschränktes Programmiersystem.

Das Verarbeitungsprogramm besteht aus zwei Teilen, nämlich dem
FMILL- und dem APTLFT-Programm.

Das FMILL-System ist ein vom APT-System unabhängiges Programm
und kann selbständig ablaufen. Es berechnet zuerst die numerische Flächenbeschreibung einer glatten Fläche, die durch die
geordneten, netzförmig verteilten Eingabepunkte geht, und erzeugt, von ihr ausgehend, längs gleichorientierter, charakteristischer Flächenlinien dichter liegende Flächenpunkte mit
den zugehörigen Flächennormalen.

Das APTLFT-System ist in das APT-System integriert und ermöglicht durch entsprechende Anweisungen in einem APT-Teileprogramm, die FMILL-Ergebnisse zu NC-Daten weiterzuverarbeiten.

3.1.1.1 FMILL-System

Die Flächeneingangsinformationen für das FMILL-System sind
eine Anzahl geordneter Punkte. Ergänzend zu den Koordinaten
dieser Punkte können auch die Kurventangenten- und Stringertangentenvektoren angegeben werden (Bild 3-1, oben).

Die gekrümmte Verbindung einer gleichen Zahl von Einzelpunkten
in der Reihenfolge ihrer Eingabe wird als Kurve bezeichnet. Die
Stringers stellen die gekrümmten Verbindungen entsprechender
Punkte auf den Kurven dar. Die spätere Fräsbearbeitung erfolgt
in Richtung der Stringers. Mit der Reihenfolge der Punkteingabe
wird also schon die Fräsbearbeitungsrichtung festgelegt.

Die Stringers unterteilen die Fläche in einzelne Streifen, den
sogenannten Stringerstrips. Ein von benachbarten Stringers und
Kurven begrenztes Flächenstück heißt Segment.

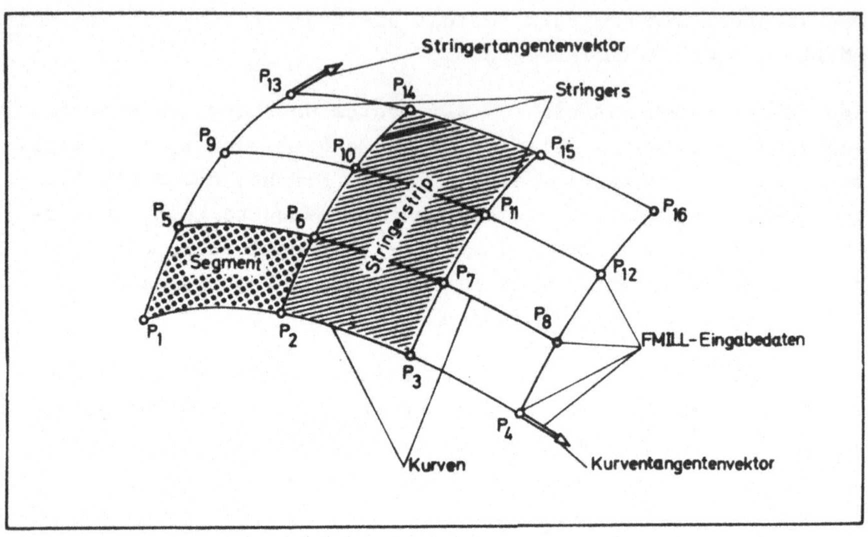

Bild 3-1: FMILL-Begriffe

Bild 3-2 zeigt, wie die Eingangsinformationen zur sogenannten
FMILL-Fläche, auch MDI's (MDI = Master Dimension Identifier)
genannt, verarbeitet werden. Die dazu notwendigen Daten (Bild
3-2, links) beeinflussen die gewünschte Dichte der MDI's und
der auf ihnen liegenden Punkte innerhalb der verschiedenen
Stringerstrips.

3.1.1.2 APTLFT-System

Die Aufgabe von APTLFT ist es, aus der FMILL-Fläche die gewünschten MDI's auszuwählen, sie eventuell in die richtige
Bearbeitungslage zu transformieren und anschließend für eine
bestimmte Bearbeitungsrichtung und Fräserform (Bild 3-3) sowie einen bestimmten Bearbeitungsmodus (drei- bzw. fünfachsiges Fräsen) die Fräserpositionen zu berechnen.

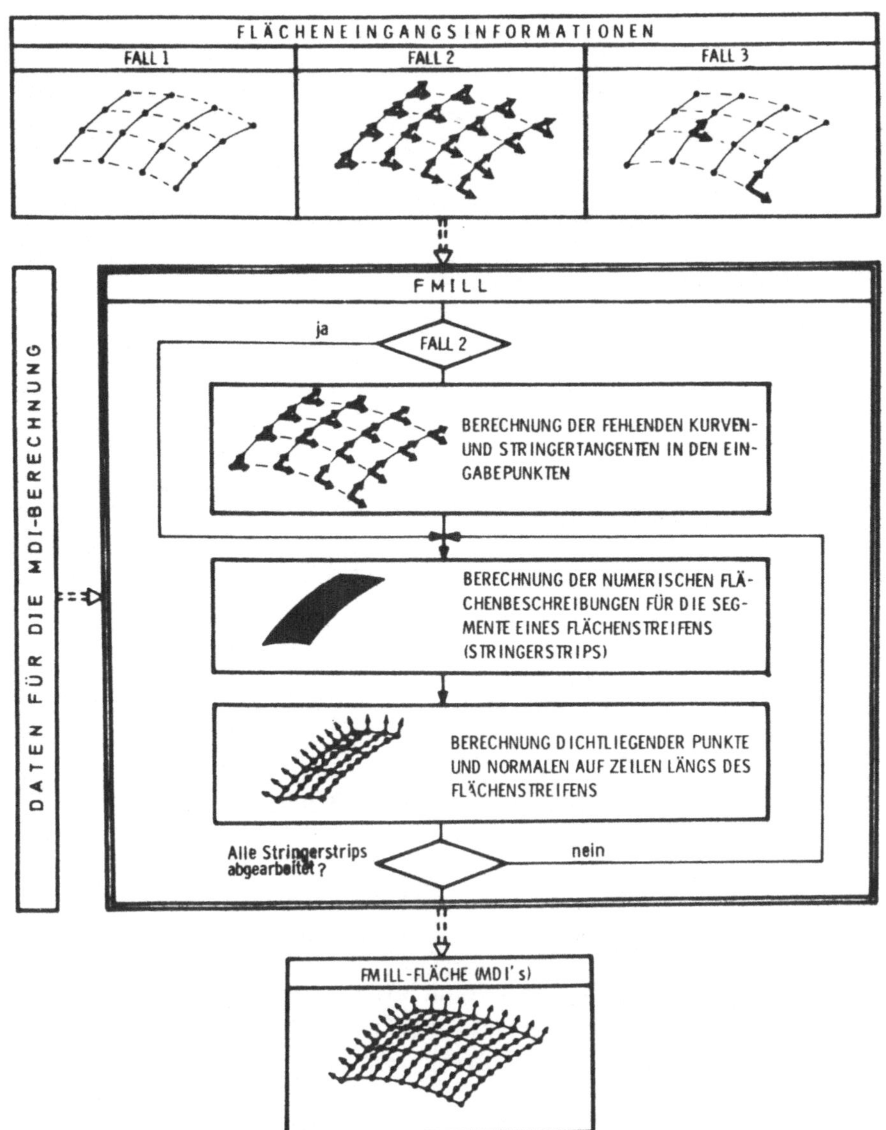

Bild 3-2: Vereinfachtes Flußdiagramm des FMILL-Systems

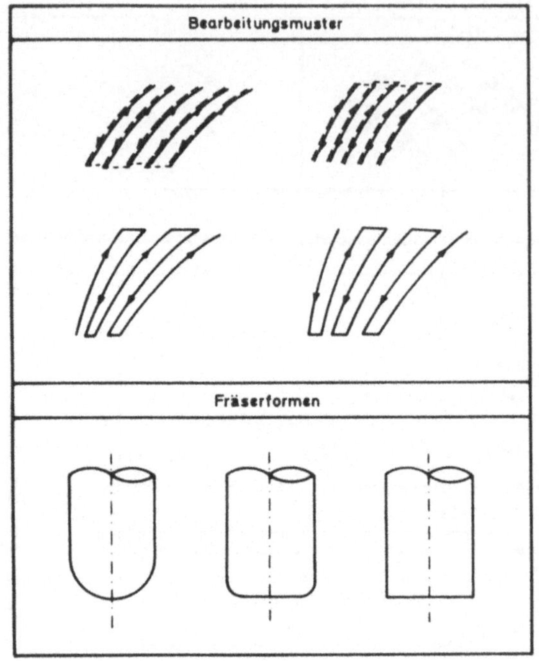

Bild 3-3:
Im APTLFT-System definierbare Bearbeitungsmuster und Fräserformen

Eine Fräserposition ist durch den Durchstoßpunkt der Fräserachse durch die Fräseraußenform, der sogenannten Fräserspitze, und den Fräserachsvektor definiert. Sie wird so berechnet, daß der Fräser den MDI-Punkt unter Einhaltung des definierten Bearbeitungsmodus und Bearbeitungsablaufs tangiert.

Die gewünschte APTLFT-Bearbeitung wird in einem APT-Teileprogramm durch die Anweisungen in der Form CALL/APTLFT und GO/
(LOFT/A1,A2,A3,A4,A5,A6,A7) festgelegt.

Für ein Bearbeitungsbeispiel sind die Bedeutungen der Größen A1 bis A7 in Bild 3-4 erläutert.

```
PARTNO      VERDICHTERSCHAUFELFLÄCHE
MACHIN / PPDN5, 1, 0              §§ Aufruf des Postprozessors
CLPRNT                           §§ Ausdruck des CLDATA
MULTAX                           §§ Fünfachsige Programmierung
TLAXIS / ATANGL, 1, -15          §§ Werkzeugachse im Winkel   gegen
                                    die Flächennormale geneigt
CUTTER / 50                      §§ Definition eines Schaftfräsers
FEDRAT / 500                     §§ Vorschub
FROM / 0, 0, 150                 §§ Bestimmen der ersten Fräserposition
CALL / APTLFT                    §§ Aufruf des im APT-System integrierten
                                    APTLFT
GO / ( LOFT / A1, A2, A3, A4, A5, A6, 5, A7 )  §§ Steuerung der APTLFT-Verarbeitung

A1·1                             §§ Nummer des ersten MDI's einer
                                    zu verarbeitenden FMILL-Fläche
A2·17                            §§ Anzahl der zu verarbeitenden MDI's
A3·1                             §§ Anzahl der zu überspringenden MDI's
A4·1000                          §§ Eilgangvorschub in mm/min
A5·500                           §§ Arbeitsvorschub in mm/min
A6·2                             §§ Bearbeitungsablauf
                                    (Zickzack - Bearbeitung)
A7·50                            §§ Abheben in Z-Richtung vor
                                    und nach der Bearbeitung

GODLTA / 0, 0, 5                 §§ Inkrementale Bewegungsaussage
GOTO / 0, 0, 150                 §§ Absolute Bewegungsaussage
STOP                             §§ Postprozessor - Befehl :
                                    z. B. Anhalten der Maschine
FINI                             §§ Ende des Teileprogramms
```

☐ Anweisungen, die eine fünfachsige
Fräsbearbeitung ermöglichen

Bild 3-4: APT-Teileprogramm für die fünfachsige
Fräsbearbeitung einer gekrümmten Fläche

Eine fünfachsige Bearbeitung der FMILL-Flächen ist nicht in allen APTLFT-Versionen vorgesehen. Wo sie möglich ist, wird sie durch eine MULTAX- und TLAXIS-Anweisung, wie in Bild 3-4, definiert. Die bekannt gewordenen TLAXIS-Anweisungen verschiedener Versionen zeigt Bild 3-5 am Beispiel des Schaftfräsers.

Die meisten der in diesem Bild dargestellten Bearbeitungsmöglichkeiten mit dem Schaftfräser erlauben nur die Fräsbearbeitung konvexer Flächen. Konkave Flächen lassen sich ohne Unterschnitt nur mit der rechts oben in Bild 3-5 gezeigten Fräserstellung fräsen.

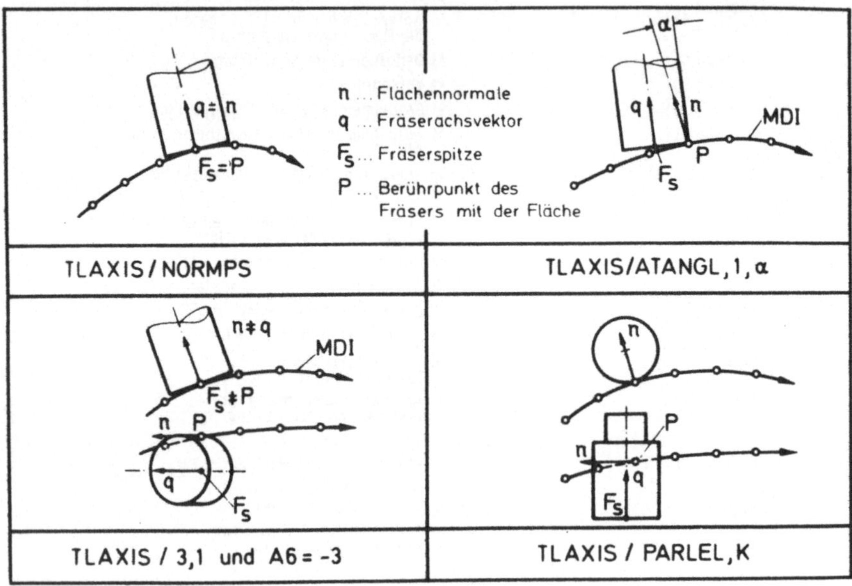

Bild 3-5: Möglichkeiten der fünfachsigen Fräserführung in verschiedenen APTLFT-Systemen

Während die meisten Bearbeitungsmöglichkeiten das Stirnfräsen
gekrümmter Flächen erlauben, ermöglicht die unten rechts im
Bild dargestellte Fräserführung das Umfangsfräsen gekrümmter
Flächen. Das Umfangsfräsen ist besonders für die fünfachsige
Fräsbearbeitung von Regelflächen von Interesse.

APTLFT-Versionen mit nur einigen der in Bild 3-5 gezeigten
Möglichkeiten der Fräserführung sind in der Anwendung stark
eingeschränkt, insbesondere wenn die Fräserachse nicht, wie im
Bild rechts oben, geführt werden kann.

Eine genau kontrollierte Fräserführung in Bezug zu der zu bearbeitenden und einer angrenzenden Fläche ist in APTLFT nicht

possible. Die Beispiele in Bild 3-6 machen dies deutlich.

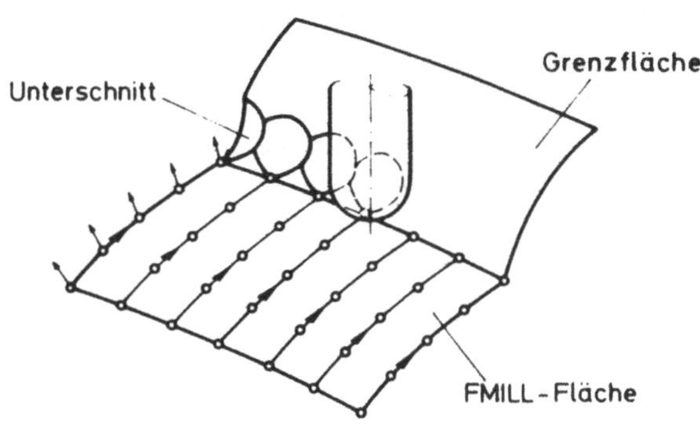

Bild 3-6:
Unterschnitt an
mit APTLFT pro-
grammierten
Flächen

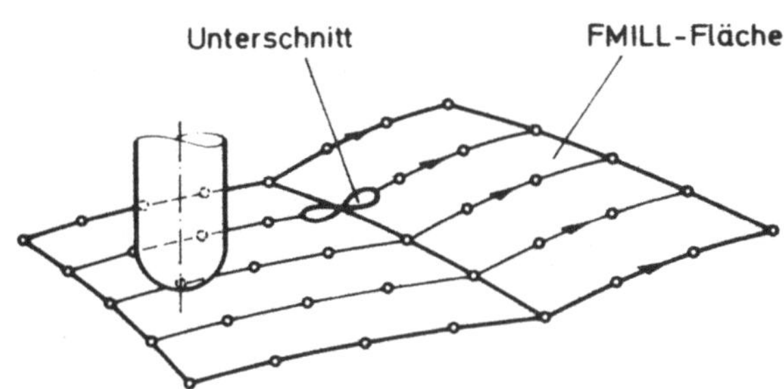

3.1.2 SCULPTURED-SURFACES-System

Schon im Jahre 1967 wurde in den USA erkannt, daß für eine
Reihe von APT-Benutzern, insbesondere die in der Flugzeug- und
Automobilindustrie, die in APT beschreibbaren Geometrien (Bild
2-8) nicht ausreichen, um komplexe Werkstückgeometrien zu beschreiben und rechnerunterstützt zu programmieren. Zwar war es
mit dem FMILL-APTLFT-Programmiersystem möglich, gekrümmte Flächen zu beschreiben und zu programmieren, eine kontrollierte

Werkzeugbewegung wie mit dem APT-System (Bild 2-9) konnte jedoch nicht definiert werden.

Als Folge wurde im Rahmen des "APT Long Range Program", kurz
ALRP genannt , das IIT*-Research Institute (IITRI) mit der
Entwicklung eines auf dem APT-System basierenden SCULPTURED-
SURFACES-System (sculptured surfaces = frei geformte Flächen),
im folgenden kurz SS-System genannt, beauftragt. Das IIT-
Research Institute verwirklichte schrittweise, in drei System-
versionen, die von den Projektträgern entwickelten Forderungen.
Inzwischen wurde die vierte Version des SS-Systems von der
Northern Illinois University unter der Leitung von CAM-I
(= Computer Aided Manufacturing-Consultants), der Nachfolge-
organisation von ALRP, fertiggestellt /25/.

Die Anwendung des aktuellen Systems erfordert wegen des sehr
großen Speicherbedarfs einen Großrechner. Trotzdem ist der Programmierer gehalten, die flächenbestimmenden Eingabedaten, d.h.
die Größe und Anzahl der im Teileprogramm definierten Flächen,
möglichst klein zu halten /26/.

Die aktuelle Version kann gegenwärtig nur von jenen Firmen genutzt werden, die durch finanzielle Beiträge die Systementwick-
lung ermöglichen.

Als Basissystem benutzt das SS-System das APT IV-System und besitzt daher auch alle Fähigkeiten dieses Programmiersystems.

Seine Programmiersprache ist weitgehend mit der APT-Sprache
identisch. Neu entwickelte Sprachelemente, entsprechend den
neuen Systemfähigkeiten, genügen ebenfalls der APT-Syntax.

Bei den neu entwickelten Sprachelementen handelt es sich vor
allem um geometrische Definitionen. Sie erlauben die Beschreibung von ebenen (SCURVE/CURSEG) und beliebigen Raumkurven
(SCURVE/SPLINE) und gekrümmten Flächen (z.B. SSURF/MESH) aus
Punkten.

Die in Klammer stehenden Bezeichnungen geben die entsprechenden

---

* Illinois Institute of Technology

Sprachworte des SS-Programmiersystems an (Bild 3-7). Den Punkten können Tangenten (TANSPL), Normalen (NORMAL), Gewichte (WEIGHT) und Toleranzbereiche (LIMIT) für die Glättung als Zusatzbedingungen zugeordnet werden.

Gekrümmte Flächen können nicht nur durch Punkte, sondern auch durch mehrere Flächenkurven (GENCUR) definiert werden. Außerdem ist die Beschreibung von Regelflächen (SSURF/RULED), Rotationsflächen (SSURF/REVOLV) und einzelnen Flächenstücken (SSURF/PATCH), den sogenannten Pflastern (siehe 4.3), möglich.

Beispiele für mögliche Kurvendefinitionen sind in Bild 3-7 dargestellt. Es bieten sich zwei grundsätzlich verschiedene Definitionsformen an.

Hauptwort	Nebenwort	Geometrieelemente			APT-Anweisung
SCURVE	CURSEG	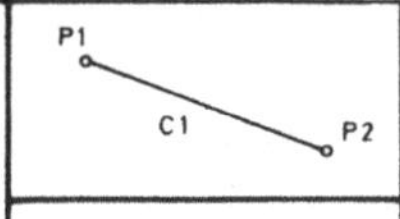	Geradensegment		C1=SCURVE/CURSEG,P1,P2
SCURVE	CURSEG	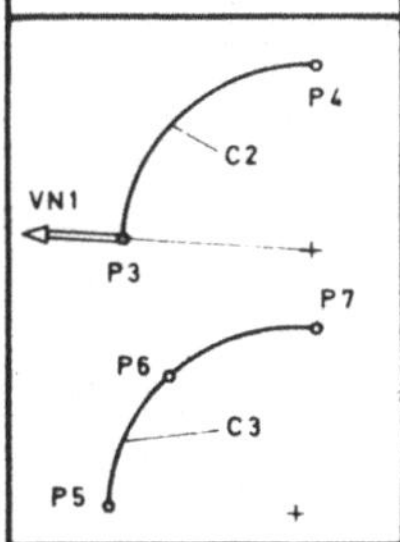	Kreissegment	Kegelschnitte (ebene Kurven)	C2=SCURVE/CURSEG,$ P3,NORMAL,VN1,P4 C3=SCURVE/CURSEG,$ P5,P6,P7
SCURVE	CURSEG	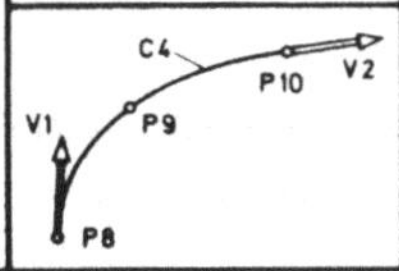	Allgem. Kegelschnitt	Kegelschnitte (ebene Kurven)	C4=SCURVE/CURSEG,$ P8,TANSPL,V1,P9,P10,$ TANSPL,V2
SCURVE	SPLINE	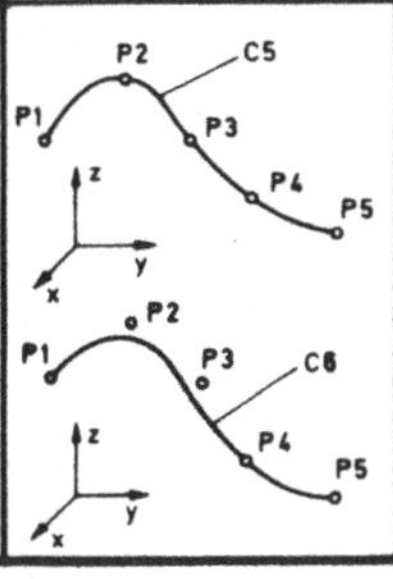	Beliebige Raumkurve		C5=SCURVE/SPLINE,$ P1,P2,P3,P4,P5 C6=SCURVE/SPLINE,$ WEIGHT,.5,LIMIT,.3,P1,$ WEIGHT,1.,P2,P3,P4,$ WEIGHT,1.,P5,WEIGHT,1.

Bild 3-7: Definitionsbeispiel für Kurven im SCULPTURED-SURFACES-System

Durch die Sprachworte SCURVE/CURSEG können durch die eingegebenen Punkte, Normalen und Tangenten, wenn sie in einer Ebene liegen, Kegelschnitte erzeugt werden. Ein allgemeiner Kegelschnitt ist durch fünf Eingabewerte bestimmt, spezielle Kegelschnitte wie Geraden und Kreise durch zwei bzw. drei Eingabewerte.

Die Sprachworte SCURVE/SPLINE verbinden beliebig gelegene Raumpunkte, Normalen und Tangenten durch eine Folge von Kurvenstücken, die durch kubische Polynome (4.4.2) beschrieben sind. Der gesamte Kurvenverlauf ist stetig, auch in der Steigung und Krümmung.

Bei beiden Kurvendefinitionen können einzeln und pauschal alle Eingabepunkte durch das Sprachwort WEIGHT und eine folgende Zahl zwischen 0 und 1 gewichtet werden. Dadurch ist es möglich, einen ausgleichenden Kurvenverlauf zu beschreiben.

Es ist geplant, die definierten ebenen Kegelschnitt-Kurven (CURSEG) und beliebigen Raumkurven (SPLINE) in Zukunft durch eine Anweisung zu einer Kurve zusammenfassen zu können.

Die Beschreibungsmöglichkeiten für gekrümmte Flächen sind in den Bildern 3-8 und 3-9 zusammengestellt.

Die PATCH-Definitionen (Bild 3-8) sind sehr wichtige Sprachelemente für die Programmierung gekrümmter Flächen, die mit anderen, speziell für den Flächenentwurf geeigneten Programmsystemen (Bild 2-11) aufgebaut wurden. Meist sind die Pflaster durch die Eckpunktsinformationen nach Coons oder die Polygoneckpunkte nach Bézier numerisch beschrieben (Bild 4-14).

Die MESH-Definitionen (Bild 3-8, oben) ermöglichen, ähnlich wie beim FMILL-System, Flächendarstellungen aus geordneten Punkten. Das Verarbeitungsprogramm erzeugt sich intern für weitere Berechnungen eine Flächenbeschreibung durch Pflaster, deren Größe durch die Dichte der eingegebenen Punkte bestimmt ist.

<table>
<tr><th>Haupt-wort</th><th colspan="2">Neben-wort</th><th>Geometrieelemente</th><th>APT-Anweisung</th></tr>
<tr><td rowspan="4">SSURF</td><td colspan="2">MESH</td><td>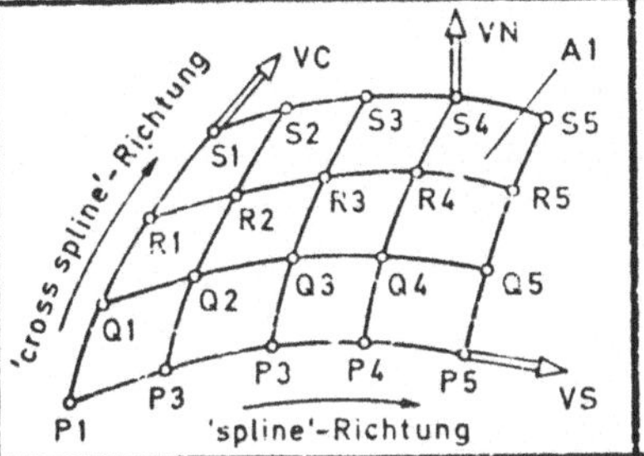
</td><td>A1=SSURF/MESH,XYZ,$
SPLINE,P1,P2,P3,P4,P5,TANSPL,VS,$
SPLINE,Q1,Q2,Q3,Q4,Q5,$
SPLINE,R1,R2,R3,R4,R5,$
SPLINE,S1,CRSSPL,VC,S2,S3,S4,$
NORMAL,VN,S5</td></tr>
<tr><td rowspan="3">PATCH</td><td>PNTVEC</td><td>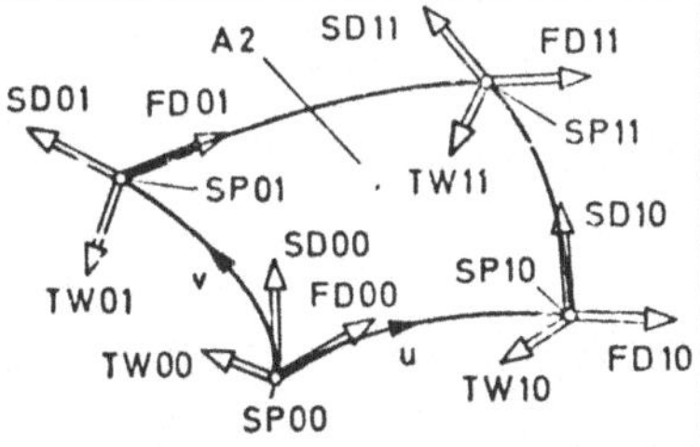

COONS-Pflaster</td><td>A2=SSURF/PATCH,PNTVEC,PLUS,$
SP00,SP10,FD00,FD10,SP01,SP11,$
FD01,FD11,SD00,SD10,TW00,$
TW10,SD01,SD11,TW01,TW11

SP ... surface point
FD ... first direction tangent
SD ... second direction tangent
TW ... twistvector</td></tr>
<tr><td>POLYGON</td><td>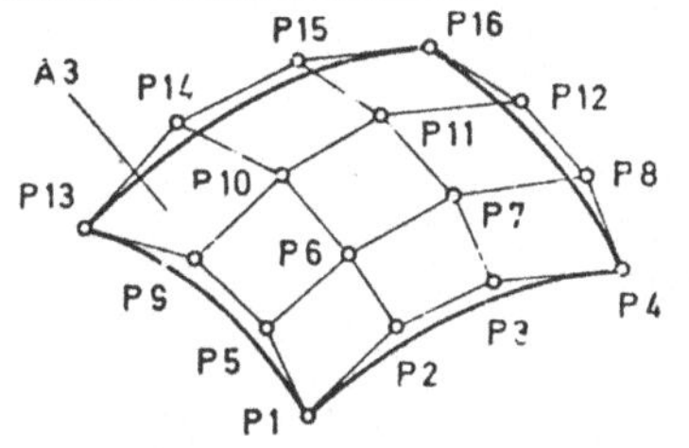

BEZIER-Pflaster</td><td>A3=SSURF/PATCH,POLYGON,$
PLUS,P1,P2,.....,P16</td></tr>
<tr><td>PNTSON</td><td>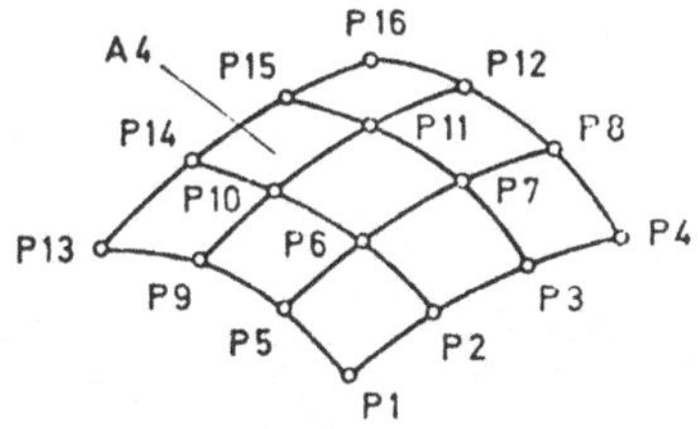

16-Punkte-Pflaster</td><td>A4=SSURF/PATCH,PNTSON,$
PLUS,P1,P2,.....,P16</td></tr>
</table>

<u>Bild 3-8</u>: **Definitionsbeispiele für Flächen im SCULPTURED-SURFACES-System**

Ein für den Flächenaufbau besonders sinnvolles und neues
Sprachelement ist die GENCUR-Definition (Bild 3-9, unten).

Hauptwort	Nebenwort	Geometrieelemente	APT-Anweisung
SCURVE	RULED	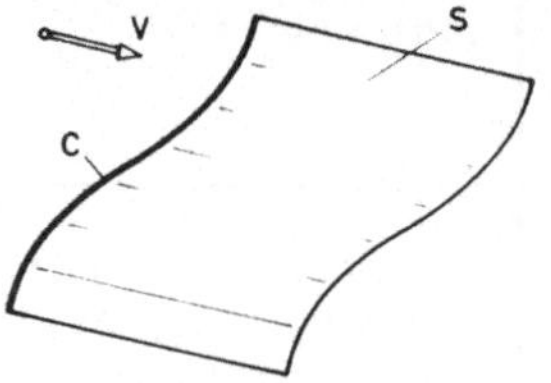 V, S, C	S = SCURVE / RULED, $ C, AXIS, V
SSURF	REVOLV	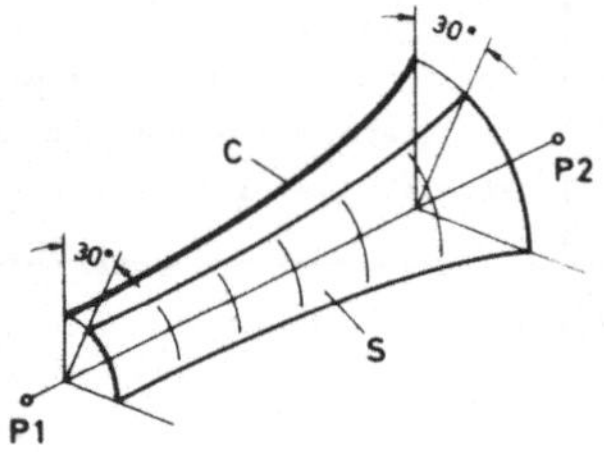 30°, C, P2, 30°, S, P1	S = SSURF / REVOLV, $ C, AXIS, P1, P2, CLW, $ 30, 90 CLW … Uhrzeigersinn
SSURF	GENCUR	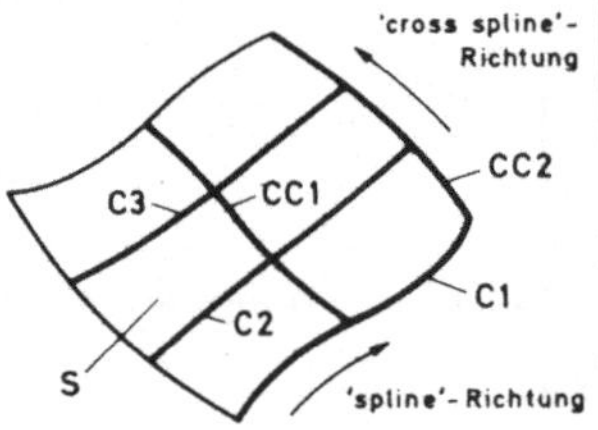 'cross spline'-Richtung, CC2, C3, CC1, C1, C2, S, 'spline'-Richtung	S = SSURF / GENCUR, $ C1, C2, C3, CRSSPL, $ CC1, CC2 CRSSPL … cross spline direction

Bild 3-9:
Definitions-
beispiele
für Flächen
im SCULPTURED-
SURFACES-
System

Sie ermöglicht, eine Fläche aus charakteristischen, vorher definierten Raumkurven aufzubauen. In der Praxis sind häufig gekrümmte Flächen nur durch Raumkurven festgelegt (siehe 4.3).
Diese unvollständige Flächenbeschreibung ist für eine rechnerunterstützte Fräserwegberechnung nicht ausreichend.

Schließlich ist es im SS-System möglich, rotationssymmetrische
Flächen und Regelflächen mit den Sprachwörtern REVOLV bzw.

RULED zu definieren. Die internen Flächendarstellungen sind,
wie bei den vorher genannten Definitionen, Coons-Pflaster
(4.5).

Für die Zukunft sind Erweiterungen der geometrischen Fähigkeiten vorgesehen. Geplant sind z.B. Definitionsmöglichkeiten für
einen Flächenübergang zwischen zwei sich schneidenden gekrümmten Flächen und für ein Flächenstück durch willkürlich ver-
teilte Flächenpunkte.

Das SS-System ist so strukturiert, daß es die vollen APT-
Fähigkeiten, besonders hinsichtlich der Programmierung von
Werkzeugbahnen, besitzt; denn nur diese Fähigkeit zeichnet es
vor allen ähnlichen Programmiersystemen, wie z.B. dem FMILL-
APTLFT-System, aus. Die aktuelle Version des SS-Systems erlaubt, wie das APT-System, eine Werkzeugbewegung durch 3 Kontrollflächen zu definieren. Allerdings müssen alle Kontrollflächen durch die in den Bildern 3-8 und 3-9 dargestellten Definitionen programmiert sein. Das aktuelle System kann nicht
gleichzeitig analytisch einfach beschreibbare und analytisch
nicht einfach beschreibbare Flächendefinitionen für die Frä-
serbahnberechnungen verarbeiten.

Die langfristige Planung /25/ sieht neben der üblichen APT-
Werkzeugsteuerung durch Kontrollflächen eine Werkzeugsteuerung
durch beliebige Raumkurven vor. Außerdem ist eine automatische
Fräsbahnberechnung für die Abarbeitung definierter Flächenbereiche (regional milling) vorgesehen. Die aktuelle Version ermöglicht bereits eine sehr einfache bereichsweise Abarbeitung.

3.2 OKISURF-System

Das OKISURF-System dient ebenfalls der Programmierung gekrümmter Flächen und wurde in Japan von der OKI Electric Industry
Co., Ltd. aufgrund des zunehmenden NC-Fräsmaschinen-Einsatzes
in den einschlägigen Industriebereichen, besonders der Schiffs-

propellerfertigung, entwickelt. Es entspricht in seinen Fähigkeiten sehr weitgehend denen des noch nicht fertiggestellten
SS-Systems. In Japan war man nicht bereit, die Fertigstellung
des SS-Systems abzuwarten, obwohl es gerade die in der ALRP/
CAM-I-Organisation stark engagierten Japaner waren, die im
Jahre 1967 auf seine Realisierung drängten und in den darauf
folgenden Jahren an der Konzipierung des Systems mitarbeiteten.

Es sind im wesentlichen drei Gründe, die zur Entwicklung des
OKISURF-Systems führten: Der langsame Fortschritt in der Entwicklung, die Größe und die Unzuverlässigkeit des SS-Systems.

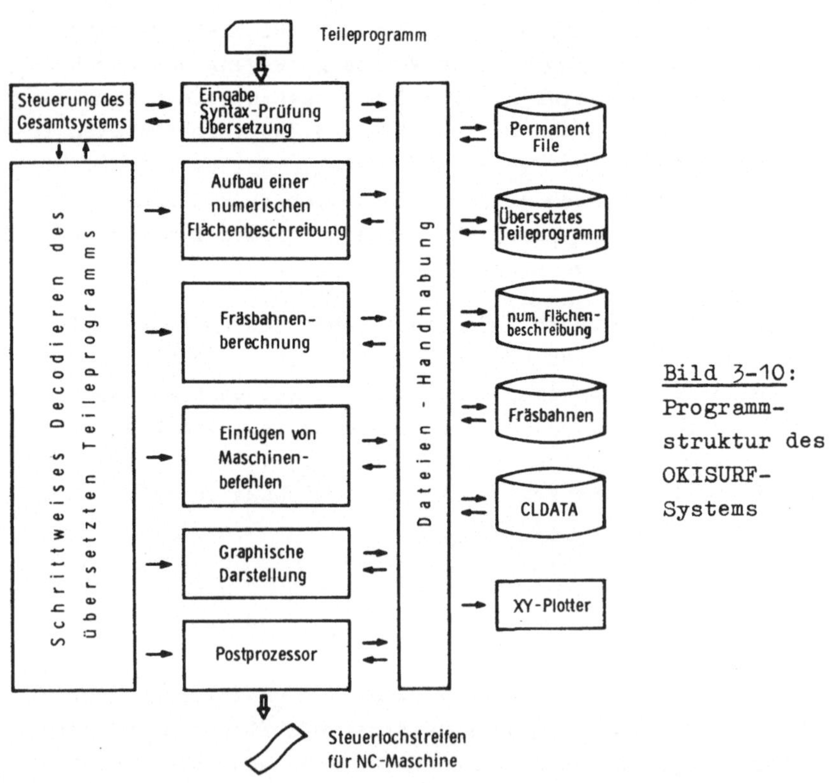

Bild 3-10: Programmstruktur des OKISURF-Systems

Das OKISURF-System wurde vollständig neu konzipiert /27/. Das
Bild 3-10 zeigt die Systemstruktur. Das OKISURF-System ist
konsequent modular aufgebaut, d.h. wesentliche Programmfunktionen, wie Einlesen, Prüfen und Übersetzen der Anweisungen,
Aufbau einer rechnerinternen Flächendarstellung, Fräserwegberechnung, Hinzufügen von frästechnischen Daten und Erzeugen
eines CLDATA, graphische Darstellung der Flächen und Fräserwege und die Verarbeitung des CLDATA zum Steuerlochstreifen,
können in sogenannten Programm-Moduln vollkommen unabhängig
zueinander ablaufen. Die Programmanweisungen werden blockweise
in den einzelnen Moduln nacheinander ausgeführt. Im Rechner
muß dazu nur der augenblicklich erforderliche Programmodul ge-
laden werden. Diese Art der Programmausführung ist hinsichtlich des erforderlichen Speicherplatzbedarfs weniger aufwendig.

Die Programmstruktur bietet noch weitere Vorteile: Sie er-
leichtert ein einfaches Erweitern und Austesten einzelner Moduln sowie das Hinzufügen neuer Programmfunktionen durch neu
entwickelte Moduln. Die Umstellung des Systems für Stapelverarbeitung auf ein System für Dialogbetrieb wird zum Beispiel
dadurch leicht möglich.

Wie schon erwähnt, arbeitet ein Modul vollkommen unabhängig
von den anderen. Dies erfordert für seine Ein- und Ausgabe
eindeutige Schnittstellen. Diese sind im Arbeits- oder Extern-
speicher des Rechners als Dateien, häufig "Files" genannt ,
verwirklicht. Die Dateien können während der Programmausführung zu verschiedenen Aufgaben mehrmals benutzt und vor allem
für spätere Berechnungen durch neue Programmläufe auf ein so-
genanntes "Permanent File", einen ausschließlich für einen
Rechnerbenutzer dauernd zur Verfügung stehenden externen Spei-
cherbereich, gerettet werden. Durch diese Möglichkeit ist der
Programmierer beispielsweise in der Lage, die in einem ersten
Erzeugungslauf erhaltenen und auf einem Permanent File abge-
speicherten Steuerinformationen schnell zu korrigieren.

Die OKISURF-Programmiersprache erlaubt die Definition gekrümmter Flächen aus Punkten und Kurven, zu bearbeitende Flächen-

bereiche und deren Bearbeitung. Sie ist der ISO-Norm für Programmiersprachen angepaßt und der bekannten APT-Sprache sehr ähnlich.

Die möglichen Flächendefinitionen sind zu denen des SS-Systems (Bild 3-8 und Bild 3-9) nicht sehr unterschiedlich. Nicht vorgesehen sind die PATCH-Definitionen. Dafür stehen dem OKISURF-Programmierer eine Reihe vorteilhafter, im SS-System nicht vorhandener Definitionen zur Verfügung. Zum Beispiel kann eine Punktreihe durch ein Symbol definiert werden, so daß die MESH-Definitionen übersichtlicher und fehlerfreier programmiert werden können.

Die für die Fräserwegberechnungen vorgesehenen Definitionen sind von dem Bestreben gekennzeichnet, ein zuverlässiges, vom Rechen- und Speicheraufwand her zufriedenstellendes Programmiersystem aufzubauen.

Die Fräsergeometrie ist nicht so allgemein wie in APT definierbar. Jedoch können die bei der Fräsbearbeitung gekrümmter Flächen üblicherweise eingesetzten Fräser programmiert werden (Bild 3-11, rechts oben).

Einen wesentlichen Programmierkomfort bietet das OKISURF-System durch die automatische Fräsbahnberechnung innerhalb eines durch die AREA-Anweisung definierten Flächenbereichs (Bild 3-11, links oben). Der Flächenbereich kann auch nicht zu bearbeitende Flächenbereiche (Inseln) einschließen. Die Fräsbahnen innerhalb des zu fräsenden Flächenbereichs können entweder, wie in FMILL, entlang charakteristischer Flächenkurven (Parameterkurven) oder entlang von Schnittlinien, die sich durch Schneiden der Fläche mit Ebenen und Zylindern ergeben, gelegt werden (Bild 3-11, Mitte). Die Begrenzung des Fräsbereichs ist für die Fräsbahnberechnung durch eine Raumkurve bzw. eine Regelfläche möglich (Bild 3-11, unten).

Neben der automatischen Fräsbahnberechnung kann der Fräser in einer von den in Bild 3-12 gezeigten Arten durch eine Anwei-

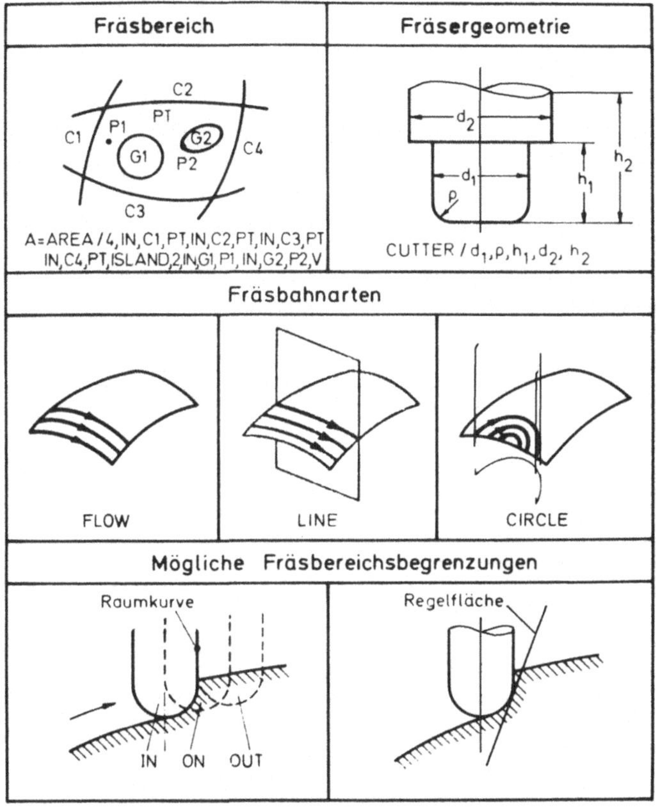

Bild 3-11:
Automatische Fräsbahnberechnung im OKISURF-System

sung geführt werden. Die Steuerung des Fräsers entlang zweier Raumkurven ist für das fünfachsige Fräsen vorgesehen.

Beide Methoden der Fräsbahnberechnung, die automatische Berechnung und die einzelne Fräsbahnberechnung, bieten dem Programmierer mehrere einfache, d.h. zuverlässige und nicht rechenzeitaufwendige Steuerungsmöglichkeiten des Fräsbahnverlaufs an. Durch sie ist es möglich, viele in der Praxis vorkommende Werkstücke mit gekrümmten Flächen durch NC-Fräsen zu fertigen.

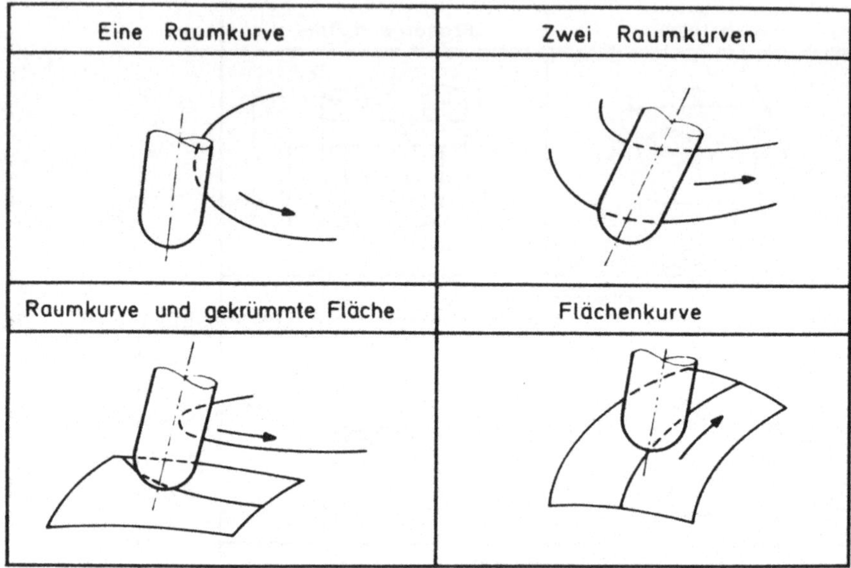

Bild 3-12: Möglichkeiten der Fräserführung im OKISURF-System

Das OKISURF-System ist das zum SS-System konkurrierende Programmiersystem. Ein Vergleich der Systeme fällt im gegenwärtigen Zeitpunkt eindeutig zugunsten von OKISURF aus. Den einzigen Vorteil gegenüber OKISURF bietet das SS-System durch seine genaue Kontrolle der Fräserbewegungen. Doch in Zukunft soll auch diese Möglichkeit dem OKISURF zur Verfügung stehen.

Wie weit sich OKISURF, trotz seiner guten Fähigkeiten, in der Zukunft gegenüber dem SS-System wird durchsetzen können, wird weitgehend von marktpolitischen Entwicklungen entschieden werden. Das heißt, es wird davon abhängen, wieviele potente Anwender dieses System benutzen wollen und es deshalb von einem Rechenzentrum verlangen, und wieviele Rechenzentren bereit sind, dieses System zu übernehmen und zu warten.

3.3 Analyse der Programmiersysteme

Alle drei in den vorigen Abschnitten besprochenen Programmiersysteme, die eine Programmierung von fünfachsigen Fräsbearbeitungen gekrümmter Flächen ermöglichen, sind für die Stapelverarbeitung ausgelegt. Sie sind in FORTRAN-IV programmiert und können daher auf allen Datenverarbeitungsanlagen, die einen FORTRAN-IV-Compiler besitzen, benutzt werden.

Die zu bearbeitenden Flächen werden in der Regel durch die geometrischen Definitionen einer Programmiersprache festgelegt. Das entsprechende Verarbeitungsprogramm übersetzt diese in eine im Rechner besser verarbeitbare Form. Anschließend wird, nur für die Fräserwegberechnung, aus den flächenbestimmenden Daten eine eindeutige numerische Flächendarstellung erzeugt.

Bei allen drei Programmiersystemen wird die zu bearbeitende Fläche segmentweise durch die Koeffizienten bikubischer Polynome in Parameterform numerisch beschrieben. Eine ausführliche Erläuterung dieser Flächenbeschreibung wird in 4.5 gegeben.

Zunehmend werden heute, vor allem im Flugzeug- und Automobilbau, die gekrümmten Flächen schon beim Entwurf mit Hilfe des Rechners numerisch dargestellt. Die hierzu entwickelten Programmiersysteme (Bild 2-11) ermöglichen in der Regel schrittweise bzw. im Dialog mit dem Rechner numerische Flächendarstellungen zu erzeugen, die hohen Anforderungen (s.4.2) genügen und auf die in den verschiedenen Phasen des Produktionsprozesses (Bild 4-1) Bezug genommen werden kann. Dadurch lassen sich neben der NC-Programmierung weitere Tätigkeiten, wie z.B. Festigkeitsberechnungen oder Erstellen von Zeichnungen und Modellen, automatisieren. Auf weitere Vorteile, die numerische Darstellungen gekrümmter Flächen bieten können, wird in 4.1 eingegangen.

Bei beiden Arten von Programmiersystemen - jenen, die ausschließlich der Programmierung dienen, und jenen, die neben

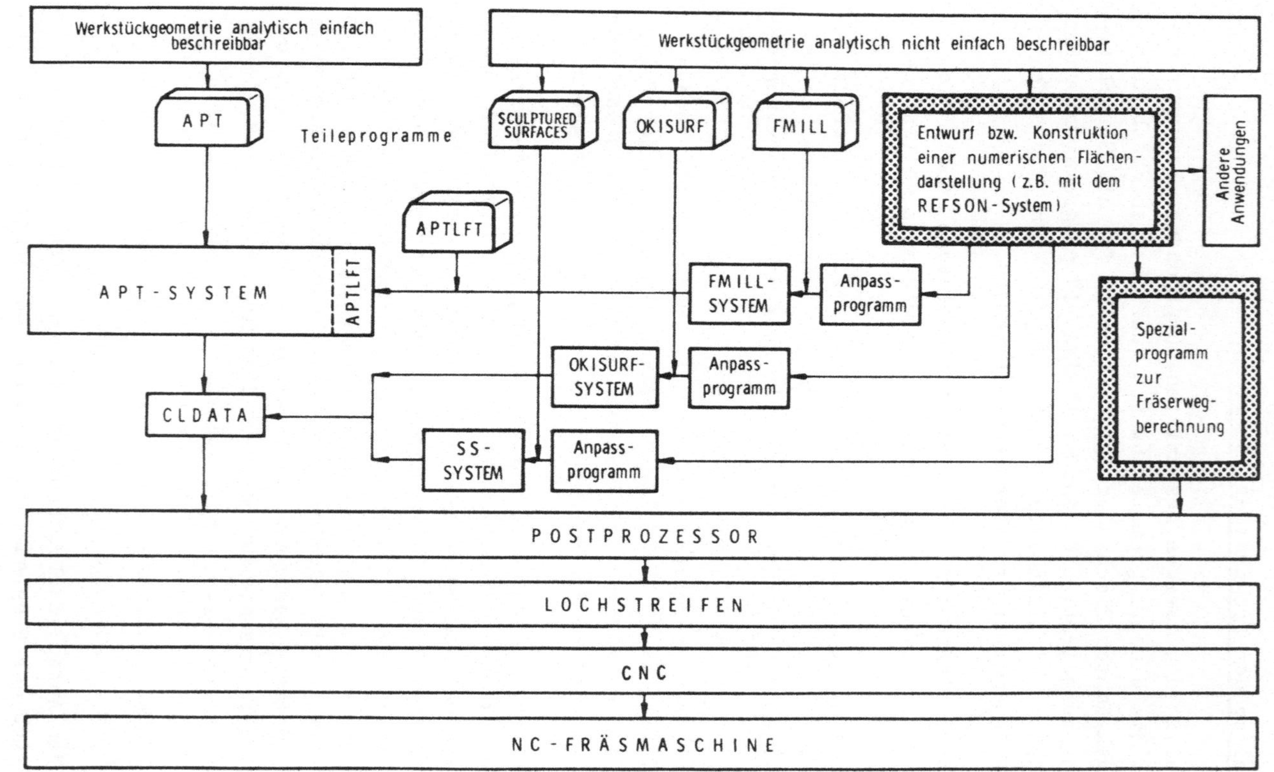

Bild 3-13: Möglichkeiten des Datenflusses beim fünfachsigen Fräsen gekrümmter Flächen

der Programmierung auch den Entwurf gekrümmter Flächen erlauben - fehlt die Möglichkeit, eine numerische Flächendarstellung mittelbar aus dicht liegenden Raumpunkten (Meßpunkten)
zu erzeugen. Daher wird im folgenden Kapitel, im Rahmen einer
Analyse der wichtigen analytischen Kurven- und Flächenbe-
schreibungen, eine leistungsfähige Methode zur Approximation
der Raumpunkte durch ein Flächenstück vorgestellt.

Liegt also schon vor der Programmierung die gekrümmte Fläche
numerisch beschrieben vor, so ist es wichtig sicherzustellen,
daß das benutzte Programmiersystem genau von der im Entwurfs-
prozeß akzeptierten numerischen Flächendarstellung ausgeht.
In Bild 3-13, in dem die verschiedenen Möglichkeiten des Datenflusses beim fünfachsigen Fräsen dargestellt sind, übernehmen die Anpaßprogramme diese Aufgabe. Sie formen die vorliegende numerische Flächendarstellung in eine dem Programmiersystem verständliche um. Hier erweisen sich die internen
Flächendarstellungen der Programmiersysteme, die bikubischen
Polynome, als vorteilhaft, denn die meisten Programmiersysteme
für den Flächenentwurf erzeugen dieselbe Flächendarstellung.

Die Programmiersysteme DIMNUC, MCAIR und REFSON (Bild 2-11)
/18,19,20/ sind Beispiele für Gesamtsysteme, in die die Programmiersysteme APT, FMILL und teilweise auch SCULPTURED
SURFACES voll integriert sind.

In den drei Programmiersystemen FMILL-APTLFT, SCULPTURED SUR-
FACES und OKISURF sind drei unterschiedliche Wege der Fräsbahnberechnung realisiert. Sie erlauben bei recht unterschied-
lichem Rechenaufwand verschieden komplexe Werkstückgeometrien
ohne Unterschnitt zu erzeugen.

Die Fräsbahnen können durch

    1. Flächenkurven,
    2. Führungs- und Begrenzungskurven und
    3. Führungs- und Begrenzungsflächen

bestimmt werden. Die Flächenkurven können Parameterkurven einer

	FRÄSBAHNENBESTIMMUNG DURCH:	VORTEILE	NACHTEILE
FMILL-APTLFT	- Parameterkurven (zu den Pflasterberandungen, z. B. den Stringers in FMILL, parallelverlaufende, auf der Fläche liegende Kurven)	- Einfache und - Zuverlässige Berechnung bei - Geringem Rechenzeitaufwand	- Nur einfache Werkstück- geometrien können ohne Unterschnitt gefräst werden
OKISURF	- Parameterkurven - Schnittkurven mit Ebenen und Zylinder - Fräserführungskurven - Fräsbereichsbegrenzungs- kurven	- Bessere Kontrolle der Fräserbewegungen - Einfache Berechnung der Fräserbahnen, falls es die Werkstückform erlaubt.	- Nicht alle Bearbeitungsauf- gaben sind programmierbar - Je nach Art der Fräsbahn- bestimmung ist ein geringer bis mittlerer Rechenaufwand notwendig
SCULPTURED SURFACES	- Fräserführungsflächen	- Exakte Kontrolle der Fräser- bewegungen. Auch komplizierte Werk- stücke sind ohne Unter- schnitt herstellbar.	- Sehr rechenintensive und komplizierte Rechenalgo - rithmen erforderlich - Für einfachere Werkstück- formen wird keine einfachere Fräserwegberechnung geboten

Bild 3-14: Vergleich der Fräsbahnenbestimmung in FMILL-APTLFT, OKISURF und SCULPTURED SURFACES

gekrümmten Fläche oder Schnittkurven zwischen Ebenen bzw. Zylinder und gekrümmter Fläche sein. Das Bild 3-14 stellt die Vor- und Nachteile dieser Fräsbahnbestimmungsarten gegenüber.

In einem Programmiersystem sollten dem Programmierer daher alle drei Verfahren der Fräserwegberechnung angeboten werden. Je nach Schwierigkeitsgrad der zu bearbeitenden Geometrie kann das geeignete Berechnungsverfahren gewählt werden.

Im Teileprogramm muß der Programmierer Anweisungen zur Fräserwegberechnung machen können. Es müssen

- die Art der Fräserwegberechnung (z.B. Parameterkurven),
- die Lage, die Form und die Abstände der Fräsbahnen,
- der Fräser,
- die Art der Fräserführung längs der Fräsbahnen,
- der Fräservorschub und
- die Fräsbahnbegrenzungen

definiert werden. In den Abschnitten 3.1 und 3.2 jedoch wird deutlich, daß die zur Programmierung fünfachsiger Fräsbearbeitungen geeigneten Programmiersysteme dies nur begrenzt ermöglichen. Vor allem besitzen die Systeme nicht die Fähigkeit, die Fräszeilen in sinnvollen Abständen zueinander berechnen zu können. Die Vorteile des fünfachsigen Fräsens lassen sich aber nur dann nutzen, wenn dies möglich ist. Außerdem sind für den Programmierer die Lagebestimmung der Fräsbahnen und die richtige Fräserführung längs von Flächenkurven problematisch.

Zunächst wird jedoch nicht auf technologische Erweiterungsmöglichkeiten eingegangen, sondern auf die Beschreibung und Bewertung analytischer Kurven- und Flächendarstellungen.

4. Numerische Flächendarstellung gekrümmter Flächen

4.1 Vorteile der numerischen Flächendarstellung

Eine rechnergeeignete numerische Darstellung gekrümmter Flächen ist Voraussetzung für die Automatisierung des Informationsflusses über die Betriebsbereiche nach Bild 4-1. In der Regel ermöglicht sie eine schnellere Konstruktion, Planung und Fertigung bei gleichzeitiger Produktivitätssteigerung und bietet gegenüber den konventionellen Darstellungsarten den Vorteil, daß sie sehr genau und maßbeständig ist und daher die exakt gleiche Werkstückinformation den verschiedenen Betriebsbereichen zur Verfügung stellt. Im allgemeinen läßt sich dadurch eine bessere Produktqualität erzielen.

Bild 4-1: Bedeutung der Werkstückinformation im Produktionsprozeß (nach Sohlenius in /3/)

4.2 <u>Anforderungen an die numerische Flächendarstellung</u>

Von der numerischen Flächendarstellung muß für die Ausführung
verschiedener Aufgaben mit Hilfe des Rechners eine gute Eignung gefordert werden. Die Aufgaben sind im allgemeinen:

- Aufbau der numerischen Flächendarstellung aus den
  Ausgangsdaten,
- Änderung der Fläche,
- Zusammensetzen verschiedener Flächenstücke,
- Begutachten der Fläche und
- Erzeugen der Steuerdaten zur NC-Fertigung.

Die Bedeutung dieser Aufgaben und die Anforderungen an sie bezüglich der Qualität sind für die verschiedenen Fertigungsauf-
gaben sehr unterschiedlich. Im Schiffsbau sind z.B. im Gegensatz zum Automobilbau die Anforderungen an die Qualität der
dargestellten Fläche viel geringer und die NC-Datenermittlung,
wenn überhaupt notwendig, aus Gründen der Geometrie (2 1/2 D-
Programmierung) und der Genauigkeit viel weniger problematisch.

Daher kommen für die verschiedenen Fertigungsbereiche recht unterschiedliche numerische Flächendarstellungen in Frage.

Die Eignung einer numerischen Flächendarstellung für die genannten Aufgaben ist, vorausgesetzt sie erlaubt überhaupt die
gekrümmte Fläche in der gewünschten Güte zu beschreiben, davon
abhängig, wie aufwendig sie ist. D.h. je einfacher eine numerische Flächendarstellung, desto geringer der Speicherplatz- und
Rechenzeitbedarf zur zuverlässigen Durchführung der geforderten Aufgaben.

4.3 Möglichkeiten der Darstellung gekrümmter Flächen

Eine gekrümmte Fläche läßt sich entweder durch diskrete Flächencharakteristiken oder durch vollständige, wenn auch stückweise Flächendefinitionen darstellen. Diskrete Flächencharakteristiken sind Punkte, Flächentangenten und Flächenkurven.

Die Darstellung gekrümmter Flächen durch Flächenpunkte ist zur Beschreibung technischer Oberflächen wenig geeignet. Einerseits lassen sich häufig die notwendigen Daten nur ungenau messen, und andererseits sind für die üblichen Genauigkeiten zur Flächendarstellung große Datenmengen erforderlich.

Viel vorteilhafter ist die Flächendarstellung durch eine Reihe von Kurven, die meist stückweise ebene Kurven sind und parallel verlaufen. Diese Darstellungsmethode erlaubt, gekrümmte Flächen in einer Vorzugsrichtung sehr genau mit wenigen Daten zu beschreiben. Sie eignet sich daher besonders für die Darstellung von Flugzeug- und Schiffskörpern. Dort ist es üblich und genügend genau, die Flächen in parallelen, ebenen Querschnitten darzustellen. Zum Beispiel erzeugen die Programmiersysteme AUTOKON und FORMELA /28,29/ diese Flächendarstellungsart.

Die Darstellung gekrümmter Flächen durch Flächenstücke, auch Pflaster genannt, ist die meist angewandte Methode /22,26,27, 30,31,32,33,34/. Setzt man voraus, daß eine geeignete analytische Definition für das Pflaster gewählt wurde, so wird diese Methode der vollständigen Flächenbeschreibung hinsichtlich der in 4.2 genannten Aufgaben und der Oberflächenqualität höchsten Anforderungen gerecht.

4.4 Analytische Beschreibung von Raumkurven

Die numerische Darstellung von Raumkurven ist Voraussetzung
für

- die diskrete Flächendarstellung durch eine Reihe auf
  der Fläche liegender Raumkurven,
- die Darstellung von Flächenberandungen (z.B. Pflaster-
  und Teilflächenrandkurven), sowie
- die Darstellung geometrischer Einzelheiten (z.B. Nuten-
  verläufe) innerhalb bereits numerisch dargestellter
  Flächen.

Deswegen und weil sich die Problematik der analytischen Beschreibung beliebig gekrümmter Flächen am Beispiel der Raumkurven besser zeigen läßt, wird zunächst ausführlich auf die
analytische Beschreibung von Raumkurven eingegangen.

4.4.1 Anforderungen an eine analytische Kurven-
beschreibung

Von einer analytischen Raumkurvenbeschreibung wird gefordert:

- Einfachheit
- Gute Approximationseigenschaft
- Glatte Übergänge zwischen den Kurvensegmenten.

Die Einfachheit der analytischen Beschreibung wirkt sich vor
allem auf ihre Verarbeitbarkeit im Rechner aus, also darauf,
wie aufwendig aus den Ausgangsdaten die numerische Kurvendarstellung, die graphischen Darstellungen und andere Ergebnisse
zur Begutachtung der Fläche berechnet und gespeichert werden
können.

Der Forderung nach einer guten Approximationseigenschaft der
analytischen Kurvenbeschreibung läuft die Forderung nach Einfachheit der analytischen Beschreibung zuwider. Die zu wählende

analytische Beschreibung muß daher einen Kompromiß beider Forderungen darstellen. Auf jeden Fall soll eine beliebige, stetige Raumkurve, die mindestens auch in der 1. Ableitung stetig
ist, dargestellt werden können.

4.4.2 Beschreibung von Raumkurven in Vektorform

Beliebige Raumkurven lassen sich im kartesischen Koordinatensystem entweder durch den Schnitt zweier Flächen

$$F_1 \ (x, \ y, \ z) = 0$$
$$F_2 \ (x, \ y, \ z) = 0$$

oder in Parameterform

$$x = f_1 \ (u)$$
$$y = f_2 \ (u)$$
$$z = f_3 \ (u)$$

definieren.

Eine weitere Möglichkeit ist die analytische Beschreibung in
Vektorform. Die genannten Forderungen lassen sich nur durch
sie und die Parameterform, die als ein spezieller Fall der
Vektorform angesehen werden kann, erfüllen. Die allgemeine
Raumkurvenbeschreibung in der Vektorform lautet:

$$\Re(u) = \sum_{l=1}^{m} \mathfrak{U}_l \cdot f_l(u) \tag{4/1}$$

Die Vektoren $\mathfrak{U}_1 \ldots \mathfrak{U}_m$ sind Vektoren eines Bezugssystems R_m^*
und $f_1(u) \ldots f_m(u)$ ist ein System linear unabhängiger Funktionen.
Die Raumkurve ist der geometrische Ort der bewegten Spitze des
Vektors $\Re$.

Wird für das Bezugssystem R_m^* das kartesische Koordinatensystem gewählt, ergibt sich die Vektorgleichung :

		Vektorform	Gewichtsfunktionen
Allgemeine Kurvendefinition	Raumkurve · $\mathfrak{U}_1$ $\mathfrak{U}_2$ $\mathfrak{U}_0$ $\mathfrak{U}_3$ · Referenzkoordinaten system R_4^* · 0	$\mathfrak{R}(u) = \sum\limits_{i=0}^{n} \mathfrak{U}_i \cdot u^i$	$1, u, u^2, u^3, \ldots, u^n$
Kurvendefinition nach Lagrange	$\mathfrak{P}(u_0)$ $\mathfrak{P}(u_1)$ $\mathfrak{P}(u_2)$ $\mathfrak{P}(u_3)$ · 0	$\mathfrak{R}(u) = \sum\limits_{i=0}^{n} \mathfrak{P}(u_i) \cdot I_{0,i}(u)$	$\underline{\text{Lagrange Polynome}}: \quad I_{0,i}(u) = \dfrac{\prod\limits_{i \neq j}(u - u_j)}{\prod\limits_{i \neq j}(u_i - u_j)}$ z.B: für $i=0$ und $j=3$: $I_{0,0}(u) = \dfrac{(u-u_1)(u-u_2)(u-u_3)}{(u_0-u_1)(u_0-u_2)(u_0-u_3)}$
Hermite	$\mathfrak{P}'(u_0)$ $\mathfrak{P}'(u_1)$ $\mathfrak{P}(u_0)$ $\mathfrak{P}(u_1)$ · 0	$\mathfrak{R}(u) = \sum\limits_{i=0}^{1} \sum\limits_{r=0}^{n-2} \mathfrak{P}^r(u_i) \cdot I_{r,i}(u)$	$I_{r,i} \ldots$ Polynome n-ten Grades, deren Koeffizienten sich durch Randbedingungen, z.B: $I_{0,0}(0)=1$; $I_{0,0}(1)=0$ und durch Übergangsbedingungen an den Kurvenenden, z.B: $\mathfrak{P}_I(1) = \mathfrak{P}_{II}(0)$ ergeben.
Bézier	$\mathfrak{P}^*_0$ $\mathfrak{P}^*_1$ $\mathfrak{P}^*_2$ $\mathfrak{P}^*_3$ · 0	$\mathfrak{R}(u) = \sum\limits_{i=0}^{n} \mathfrak{P}^*_i \cdot I^*_{0,i}(u)$	$I^*_{0,i} \ldots$ Polynome n-ten Grades. Die Koeffizienten ergeben sich durch Randbedingungen, ähnlich nach Hermite. $I^*_{0,i} = \binom{n}{i} u^i (1-u)^{n-1}$

<u>Bild 4-2</u>: Beschreibung von Raumkurven in Vektorform

$$\mathfrak{R}(u) = \sum_{l=1}^{3} \mathfrak{U}_l \cdot f_l(u)$$

wobei $\quad \mathfrak{U}_1 = i \, , \quad \mathfrak{U}_2 = j \quad$ und $\mathfrak{U}_3 = k \quad$ ist.

Dann ist

$$\mathfrak{R}(u) = f_1(u) \cdot i + f_2(u) \cdot j + f_3(u) \cdot k \qquad (4/2)$$

und
$$\begin{aligned}
x &= f_1(u) \\
y &= f_2(u) \\
z &= f_3(u)
\end{aligned} \qquad (4/3)$$

Damit wurde gezeigt, daß dieser spezielle Fall der Vektorform (4/1) der Raumkurvenbeschreibung in Parameterform entspricht.

Je nach Wahl der Einheitsvektoren $\mathfrak{U}_1 \ldots \mathfrak{U}_m$ und dem System linear unabhängiger Funktionen, im folgenden Gewichtsfunktionen genannt, ergeben sich unterschiedliche Kurvendarstellungen.

In Bild 4-2 sind die wichtigsten und bekanntesten Kurvendarstellungen erläutert und gegenübergestellt. Der Übersicht wegen wurden die Bezugssysteme nur mit vier Vektoren dargestellt.

Die Kurvendarstellung oben in Bild 4-2 hat ihre Bedeutung durch die einfachen Gewichtsfunktionen erlangt. Sie ist die einfachste analytische Darstellung und für eine Verarbeitung im Rechner am vorteilhaftesten. Da sie allgemein sehr häufig zur Anwendung kommt, wird sie im folgenden als "allgemeine Kurvendarstellung" bezeichnet. Die Vektoren $\mathfrak{U}_0 \ldots \mathfrak{U}_n$ müssen so bestimmt werden, daß für die gewählten Gewichtsfunktionen die gewünschte Kurvenform entsteht. Dies ist direkt nicht möglich und daher sehr problematisch.

Die Kurvendefinitionen nach Lagrange, Hermite und Bézier /35/ haben den Vorteil, daß die Vektoren der Bezugssysteme in direkter Beziehung zur Kurvengeometrie stehen. Sie eignen sich daher, wenn auch sehr unterschiedlich, für eine unmittelbare Erzeugung der Kurvengleichung . Dies ist vor allem im

Dialog mit dem Rechner vorteilhaft.

Die Verarbeitung der Kurvendefinitionen nach Lagrange, Hermite
und Bézier ist im Vergleich zur Verarbeitung der allgemeinen
Kurvendefinition wegen der komplizierten Gewichtsfunktionen
(Bild 4-2, rechts) aufwendiger.

Da es möglich ist, alle in Bild 4-2 dargestellten Kurvendefinitionen mit gleichem Polynomgrad ineinander überzuführen, ist
es sinnvoll, die nach Lagrange, Hermite und Bézier erzeugten
Kurvendefinitionen, nachdem die entsprechenden Kurvenformen ak-
zeptiert wurden, in die allgemeine Kurvendefinition zu transformieren.

Die allgemeine Kurvendefinition im kartesischen Koordinatensystem entspricht der Vektorgleichung (4/2) bzw. der Parameterform (4/3). Für die Funktionen $f_1(u)$, $f_2(u)$ und $f_3(u)$ ergeben sich folgende Polynome n-ten Grades:

$$f_1(u) = \sum_{i=0}^{n} a_{x,i} \cdot u^i$$

$$f_2(u) = \sum_{i=0}^{n} a_{y,i} \cdot u^i$$

$$f_3(u) = \sum_{i=0}^{n} a_{z,i} \cdot u^i$$

Der in Bild 4-2 angegebene Polynomgrad n ist durch die Anzahl
der Vektoren des Bezugssystems R_m^* festgelegt. Zum Beispiel
machen die links dargestellten Bezugssysteme den Polynomgrad
$n = m-1 = 3$ erforderlich.

Je höher der Polynomgrad n gewählt wird, desto komplexer
werden die Funktionen und umso mehr Rechenaufwand entsteht für
die notwendigen Anwendungen. Andererseits werden die Approximationseigenschaften besser.

Werden für die Funktionen f_1, f_2 und f_3 ganze rationale Funktionen 3. Grades, sogenannte kubische Polynome, gewählt, so

wird ein guter Kompromiß zwischen einer einfachen analytischen Darstellung mit schlechten Approximationseigenschaften und einer komplizierten analytischen Darstellung mit guten Approximationseigenschaften erreicht.

Die in Bild 4-3 dargestellten ebenen Kurven sind durch kubische Polynome beschrieben. Sie vermitteln einen guten Eindruck von den Approximationseigenschaften dieser Funktionen, z.B. ist es möglich mehrdeutige Funktionsverläufe darzustellen.

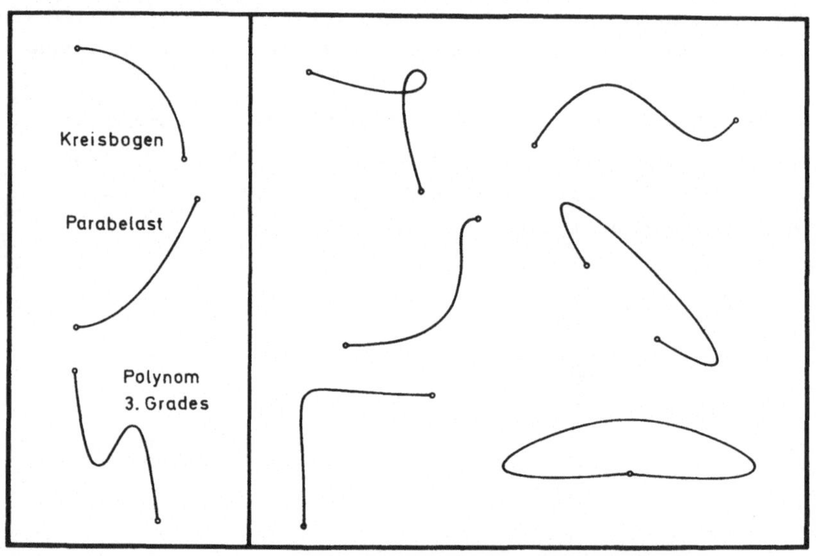

Bild 4-3: Ebene, durch kubische Polynome analytisch beschriebene Kurven

Versuche, explizite Funktionen, z.B. Kreisbogen und Parabeln, sowie in Skizzen vorliegende ebene Kurven mit kubischen Polynomen anzunähern, brachten gute Ergebnisse (Bild 4-3, links).

Die in 3. vorgestellten Programmiersysteme verarbeiten Flächenstücke, deren Randkurven durch kubische Polynome in u beschrieben sind.

4.4.3 Analyse der verschiedenen Vektorformen

4.4.3.1 Kurvendefinition nach Lagrange

Zur Kurvendefinition nach Lagrange kann nur, dem Grad der Gewichtsfunktionen entsprechend, eine bestimmte Stützpunktanzahl berücksichtigt werden. Für den Fall, daß für die Gewichtsfunktionen kubische Polynome in u angesetzt werden, sind es nur vier Stützpunkte (Bild 4-2).

Wird der Polynomgrad groß gewählt, um mehr Stützpunkte interpolieren zu können und um eine bestimmte Kurvenform besser zu erreichen, muß mit schwingenden Kurvenverläufen gerechnet werden. Sie sind ab dem Polynomgrad 5 häufig zu beobachten.

Den gewählten Stützpunkten müssen zur Interpolation Parameterwerte zugeordnet werden. Eine optimale Zuordnung ist schwierig und erfordert vom Konstrukteur Kenntnis der mathematischen Kurvenbeschreibung und großes Fingerspitzengefühl.

Den Einfluß der Parameterzuordnung auf die Kurvenform zeigt Bild 4-4 /36/. Es wurden vier auf einem Viertelkreis liegende Stützpunkte interpoliert.

Wegen der schwierigen Zuordnung von Parameterwerten durch den Konstrukteur werden die u-Werte meist vom Rechner nach einem einfachen und einheitlichen Verfahren berechnet und zugeordnet. Damit wird aber auf eine wesentliche Möglichkeit verzichtet, die Kurvenform beeinflussen zu können. Die Folge davon ist: eine Raumkurve muß meistens durch mehr Kurvensegmente beschrieben werden.

Die Definition einer Raumkurve durch mehrere, nach Lagrange beschriebene Kurvenstücke ist stetig, jedoch nicht in der 1. Ableitung. Dies ist von Nachteil, denn nach 4.4.1 sind glatte Kurven, d.h. in der 1. Ableitung stetige Kurven, gefordert.

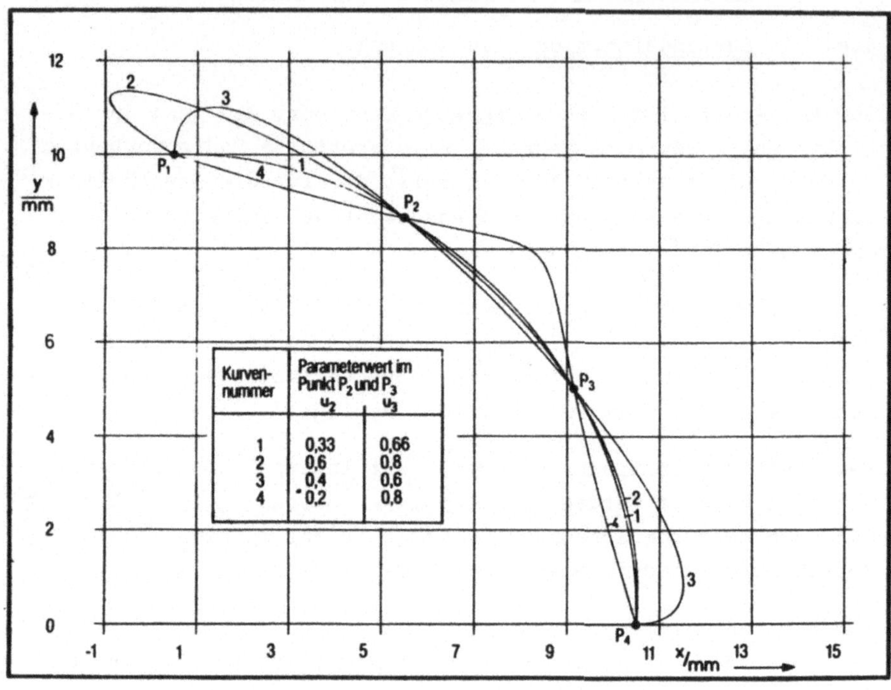

Bild 4-4: Einfluß der Parameterwertzuordnung auf die Kurvenform

4.4.3.2 Kurvendefinition nach Hermite

Nach Hermite wird eine Raumkurve durch geometrische Angaben im
Anfangs- und Endpunkt bestimmt. Diese Angaben sind: Anfangs-
und Endpunkt der darzustellenden Kurve und die 1. bis n-te Ableitung in diesen Punkten.

Werden für die Gewichtsfunktionen kubische Polynome gewählt,
kann zwischen dem Anfangs- und Endpunkt sowie den zugehörigen
Tangentenvektoren (1. Ableitungen) interpoliert werden. Diese
geometrischen Größen sind, abgesehen von den Beträgen der

Tangentenvektoren, für den Konstrukteur gut vorstellbar. Er
erzeugt durch Variieren der Tangentenvektorlängen die gewünschte Kurvenform. Bild 4-5 verdeutlicht den Einfluß der Tangentenvektorlängen auf die Kurvenform.

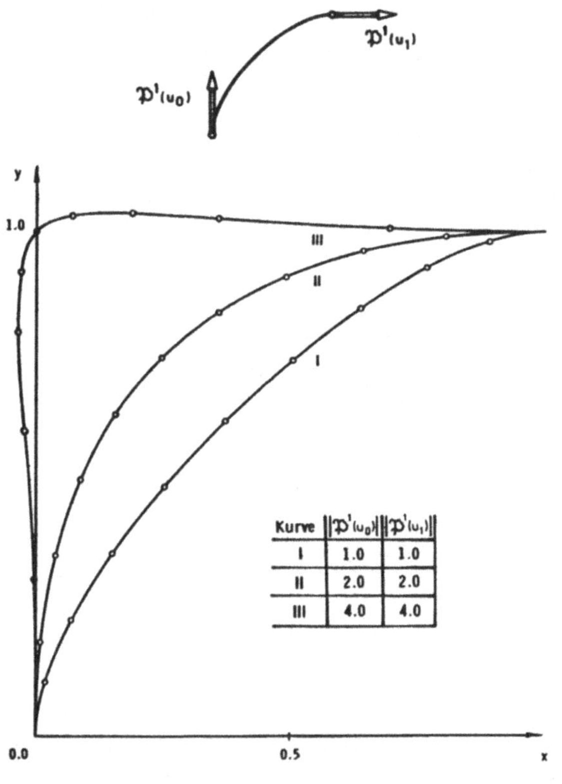

Kurve	$\|\mathfrak{P}'(u_0)\|$	$\|\mathfrak{P}'(u_1)\|$
I	1.0	1.0
II	2.0	2.0
III	4.0	4.0

<u>Bild 4-5:</u>
Einfluß der
Tangenten-
vektorlängen
auf die
Kurvenform

Muß eine Raumkurve durch mehrere Kurvenstücke dargestellt werden, so ist die Hermite-Interpolation zur Erzeugung einer ste-
tigen und glatten Kurve sehr günstig. Ein glatter Übergang
zwischen zwei Kurvensegmenten läßt sich durch Vorgabe gleicher
Tangentenvektoren am Kurvenübergang erreichen.

Die Tangentenvektoren lassen sich nicht nur im Dialog Mensch –
Rechner bestimmen, sie können auch automatisch nach der Methode

der "kubischen Spline" /37/ allein aus den die Raumkurve beschreibenden Stützpunkten berechnet werden.

Die "kubische Spline" ist ähnlich der mathematischen Spline-Funktion /38/ durch eine Reihe an den Stützpunkten aneinanderstoßender Kurvensegmente definiert und stetig bis zur 2. Ableitung. Im Gegensatz zur mathematischen Spline-Funktion sind die Kurvensegmente nach Hermite durch Anfangs- und Endpunkt nebst den zugehörigen Tangentenvektoren definiert.

Die unbekannten Tangentenvektoren der "kubischen Spline" lassen sich durch die Auflösung eines linearen Gleichungssystems berechnen, das sich aus der Forderung: Stetigkeit bis zur 2. Ableitung an den Kurvenübergängen und der Festlegung der Enden der gesamten Kurve ergibt.

Bild 4-6 zeigt die Berechnung einer "kubischen Spline" aus vier Kurvensegmenten. Neben den Stützpunkten P_0, P_1, P_2, P_3 und P_4 sind an einem Kurvenende der Tangentenvektor $\mathfrak{T}$ und am anderen die Krümmung Null vorgegeben.

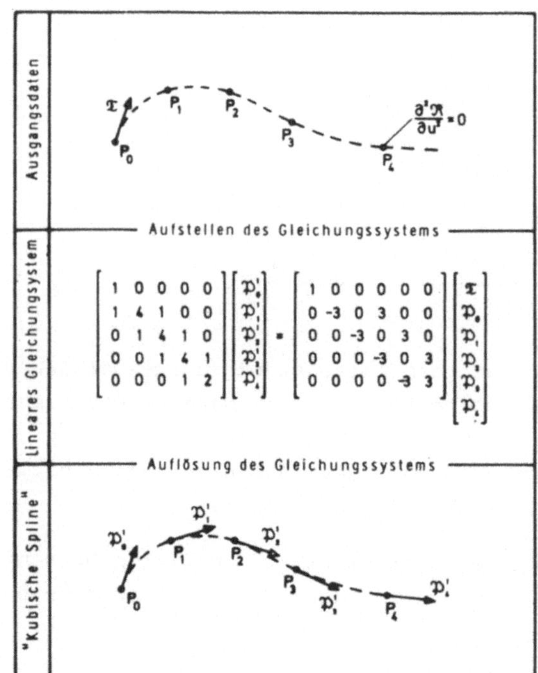

Bild 4-6:
"Kubische Spline"
aus vier
Segmenten /37/

Der Konstrukteur ist bei der Anwendung der kubischen Spline
gezwungen, die Stützpunkte relativ dicht zu legen. Nur dann
ist es möglich, eine der Vorstellung entsprechende Kurvenform
zu erhalten. Viele Stützpunkte bedeuten viele Kurvensegmente
und damit viele zur numerischen Definition notwendige Daten.
Ein weiterer Nachteil ist dadurch gegeben, daß bei Änderung
nur eines Stützpunktes nicht nur die entsprechenden Kurvensegmente beeinflußt werden, sondern die gesamte Kurve.

4.4.3.3 Kurvendefinition nach Bézier

Nach Bézier wird eine Raumkurve durch einen Polygonzug definiert. Die Eckpunkte des Polygons, ausgenommen Anfangs- und
Endpunkt, liegen nicht auf der zu definierenden Raumkurve,
und der erste und letzte Polygonabschnitt sind Tangenten an
die Raumkurve. Allgemein gilt: alle Eckpunkte des Polygons
haben Einfluß auf die Ableitungen im Anfangs- und Endpunkt
der Kurve. Diese Tatsache ist beim glatten Aneinanderfügen
zweier Raumkurven zu berücksichtigen.

Es sind unterschiedliche Vektorformen der Bézierkurven bekannt /39/. Bézier selbst geht in /40/ von den Vektoren der
Polygonabschnitte aus. Bild 4-7 zeigt die Béziersche Vektorform sowie die zugehörigen Gewichtsfunktionen.

Die in /39/ durch Forrest verbesserte Vektorform (Bild 4-2,
unten) interpoliert zwischen den Eckpunkten des Polygons. Sie
ist wegen der zugehörigen einfacheren Gewichtsfunktionen für
eine Verarbeitung im Rechner viel geeigneter.

Das Polygon gibt im wesentlichen den Kurvenverlauf wieder,
und zwar umso besser, je mehr Seiten das Polygon hat. Der
Konstrukteur manipuliert zunächst, ausgehend von einem Poly-
gon mit wenig Seiten, die inneren Eckpunkte. Durch den engen
Zusammenhang: Kurve - Polygon ist es ihm möglich, die inneren
Eckpunkte zielbewußt zu verschieben.

Reicht diese Manipulation allein nicht aus, um zu der gewünschten Kurvenform zu gelangen, kann auf zwei Wegen weiter
vorgegangen werden.

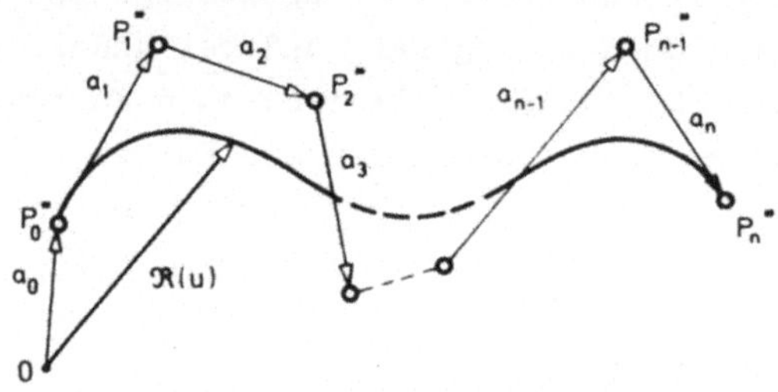

Béziersche Vektorform :

$$\Re(u) = \sum_{i=0}^{n} a_i \cdot f_{i_n}(u)$$

<u>Bild 4-7</u>:
Raumkurven-
beschreibung
nach Bézier

$a_0, \ldots, a_n$ Vektoren des charakteristischen
Polygonzuges

$f_{0_n}, \ldots, f_{n_n}$ Béziersche Gewichtsfunktionen

Allgemeine Formel der Gewichtsfunktionen :

$$f_{i_n}(u) = \frac{-(-u)^i}{(i-1)!} \cdot \frac{d^{i-1}\,\phi_n(u)}{du^{i-1}} \qquad 1 \leq i \leq n$$

wobei

$$\phi_n(u) = \frac{1-(1-u)^n}{u}$$

Entweder wird das Kurvensegment unterteilt und mit zwei Poly-
gonen gleicher Seitenanzahl weitergearbeitet, oder es wird
durch ein um eine Polygonseite erweitertes Polygon ersetzt,
das flexibler ist und daher eine bessere Anpassung an die gewünschte Kurveninformation ermöglicht. Bild 4-8 zeigt, daß
die Bézier-Vektorform um einen Polygoneckpunkt erweitert werden kann, ohne daß sich die entsprechende Kurvenform ändert.

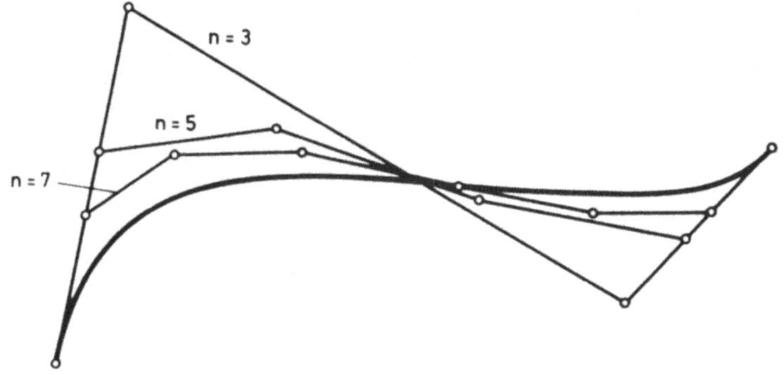

Bild 4-8: Änderung des Bézier-Polygons unter Beibehaltung
der Kurvenform

Ein Vergleich der Verfahren nach Lagrange und Hermite mit dem
nach Bézier ergibt für das interaktive Entwerfen·von Raumkurven einen eindeutigen Vorteil für das Verfahren nach Bézier.

Beschränkt man sich allerdings aus den in 4.4.2 dargestellten
Gründen auf Gewichtsfunktionen 3. Grades, so ist das Verfahren nach Bézier dem von Hermite nicht mehr wesentlich überle-
gen. Bild 4-8 zeigt, wie grob der dreiseitige Polygonzug die
Kurvenform wiedergibt. Zu variieren sind nur noch die zwei inneren Eckpunkte des Polygons. Dies entspricht im Prinzip dem
Variieren der Tangentenvektoren im Kurvenanfangs- und -end-
punkt nach Hermite (Bild 4-2).

Die Vektorform nach Bézier ist vor allem zur gesamten Darstellung von Raumkurven geeignet. Falls eine Darstellung der gesamten Raumkurve durch eine Bézier-Kurve nicht möglich wird,
muß segmentiert werden. Dies ist nur dann einfach, wenn für
den Übergang zwischen den Segmenten keine höhere Stetigkeit
als in der 2. Ableitung verlangt wird. Es wurden daher einige
Anstrengungen unternommen /39,41,42/, um mit Hilfe besser ge-

eigneter Gewichtsfunktionen die Anpassungsfähigkeit der Bézier-
Vektorform zu verbessern und um so eine Segmentierung häufiger
vermeiden zu können. Besonders interessante Ergebnisse konnten
mit der sogenannten B-Spline (= Bézier-Spline) /42/ erzielt
werden. Bild 4-9 zeigt ein Beispiel /37/. Es ist zu erkennen,
um wieviel besser sich die B-Spline-Kurve dem Polygon annähert
als die Bézier-Kurve.

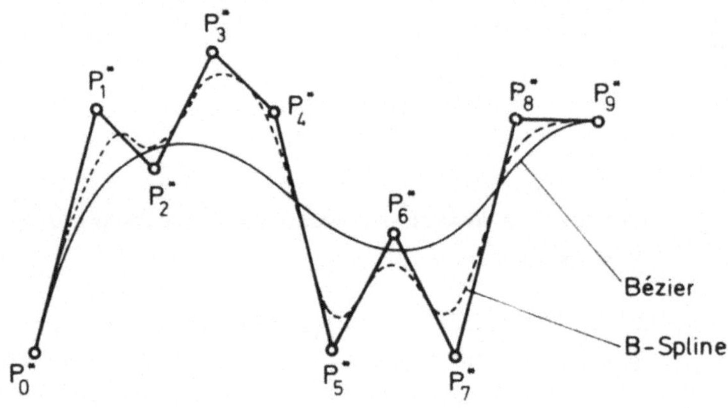

Bild 4-9: Vergleich einer Bézier- und B-Spline-Kurve

Die B-Spline bietet außerdem einen weiteren ganz wesentlichen
Vorteil. Es lassen sich wirklich die Kurvenformen nur in Teil-
bereichen verändern. Die Eckpunkte des Polygons haben nicht
mehr wie bei Bézier einen Einfluß auf die gesamte Kurvenform.

4.4.4 Numerische Raumkurvendarstellung aus Meßpunkten

In den vorigen Abschnitten 4.4.2 und 4.4.3 wurde deutlich, daß
von den verschiedenen bekannten Vektorformen die allgemeine
Kurvendarstellung zur Verarbeitung und Speicherung im Rechner

	Darstellung von Raumkurven aus Meßpunkten durch :	
	INTERPOLATION	APPROXIMATION
VORTEILE	● Der mathematische Sachverhalt ist einfach und leicht programmierbar ● Die Rechenprogramme sind zuverlässig ; der Rechenzeitverbrauch und der Speicherplatz - bedarf gering .	● Beliebig viele Stützpunkte können approximiert werden und die erzeugte Kurvenform beeinflussen. ● Meßungenauigkeit und Ausreißer haben nur geringe Auswirkung auf die Kurvenform. ● Das Ergebnis ist eine gute, wenn nicht optimale Annäherung an die gewünschte darzustellende Form. ● Die Approximation von Meßpunkten erlaubt im allgemeinen größere Kurvenabschnitte mit wesentlichen Formänderungen in wenig Versuchen darzustellen (s. Bild 4-11).
NACHTEILE	● Nur wenige Stützpunkte können interpoliert werden und die erzeugte Kurvenform beeinflussen. ● Die mögliche Stützpunktanzahl ist von dem Grad des angesetzten Interpolationspolynoms abhängig. ● Die Auswahl der Stützpunkte aus den Meßpunkten und die Zuordnung von Parameterwerten beeinflussen stark die interpolierte Kurvenform. ● Die Darstellung einer bestimmten Kurvenform erfordert daher viel Erfahrung bzw. viele Interpolationsversuche .	● Der mathematische Sachverhalt und damit auch seine Programmierung ist schwierig . ● Die Zuverlässigkeit , der Speicherplatz und der Rechenzeitverbrauch von Rechenprogrammen hängt von einer guten Programmierung und der effektiven Lösung numerischer Einzelheiten ab .

Bild 4-10:
Vergleich von Interpolations- und Approximationsverfahren zur Raumkurvendarstellung

am geeignetsten ist. Die Vektorformen nach Lagrange, Hermite und Bézier eignen sich vor allem, wenn auch sehr unterschiedlich, für die unmittelbare Erzeugung von Raumkurven und ihre numerischen Beschreibungen im Dialog mit dem Rechner.

In der Praxis ist jedoch die mittelbare Erzeugung der numerischen Kurvenbeschreibung aus dichtliegenden, gemessenen bzw. berechneten Kurvenpunkten von besonderem Interesse. Vor allem dort, wo die Flächen a priori entweder in Zeichnungen oder in Modellen, wie z.B. im Automobilbau, vorliegen.

Die Erzeugung numerischer Kurvenbeschreibungen aus Meßpunkten kann durch Interpolations- oder Approximationsverfahren erfolgen. Einige Interpolationsverfahren wurden in 4.4.3 bereits vorgestellt.

In Bild 4-10 /43/ sind die Vor- und Nachteile der Interpolations- und Approximationsverfahren ganz allgemein gegenübergestellt.

Die Approximationsverfahren bieten erhebliche Vorteile. Durch sie können in der Regel größere Kurvenabschnitte mit extremeren Kurvenformen in weniger Versuchen dargestellt werden (Bild 4-11). Daß trotzdem meist Interpolationsverfahren zur Anwendung kommen, liegt in der problemloseren Programmierung und vor allem in dem Fehlen zuverlässiger Approximationsmethoden begründet.

4.4.5   Approximationsmethoden zur Raumkurvendarstellung

4.4.5.1   Direkte Approximation

Das direkte Approximationsverfahren muß die Fähigkeit haben, dicht beieinanderliegende, sinnvoll orientierte Meßpunkte durch ein kubisches Polynom in Parameterdarstellung optimal nach einem vorgegebenen Kriterium und unter der Berücksichtigung von Randbedingungen anzunähern. Im allgemeinen liegen

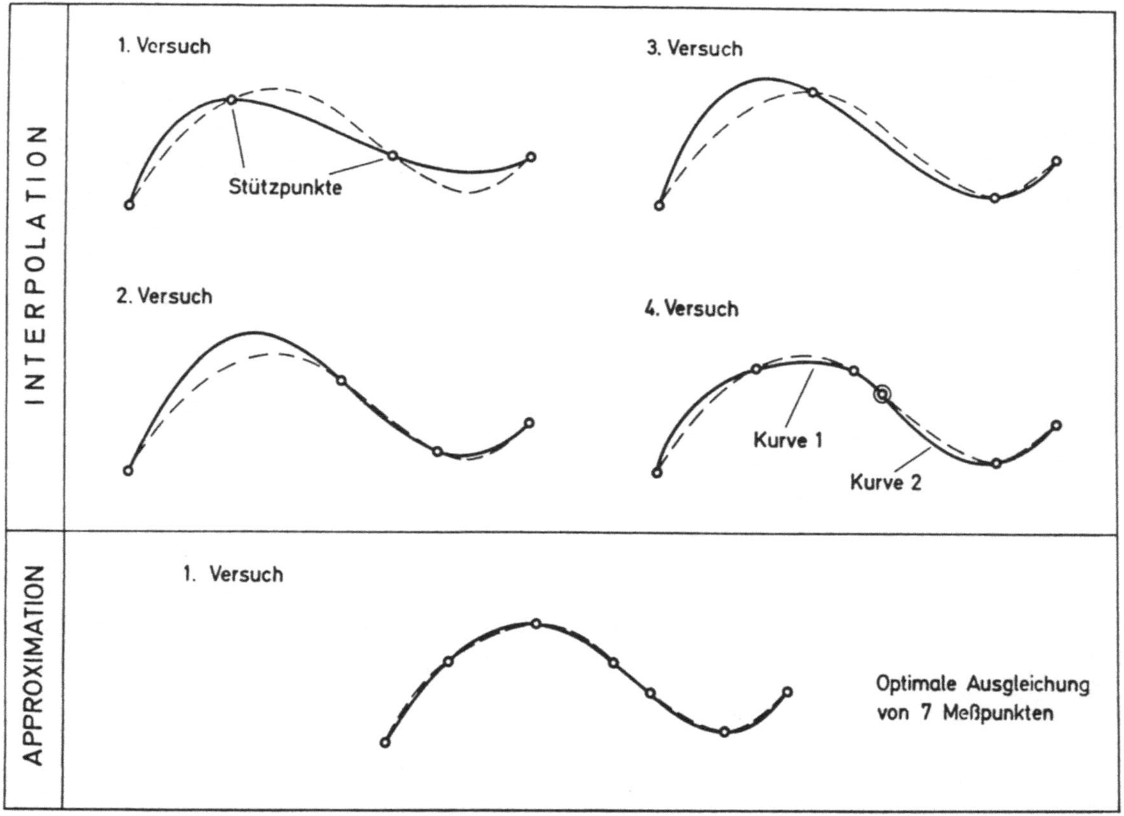

Bild 4-11: Raumkurvendarstellung durch Interpolation und Approximation von Meßpunkten

mehr Meßwerte vor als zur Bestimmung des kubischen Polynoms
notwendig sind. Daher können sie nicht auf der berechneten
Kurve liegen. Es müssen Korrekturen eingeführt werden, mit
deren Hilfe dann die Gleichungen erfüllt sind. Mit Problemen
dieser Art beschäftigt sich die Ausgleichsrechnung, die vor-
nehmlich in der Geodäsie Anwendung findet /44/. Aufgabe der
Ausgleichsrechnung ist es, die Korrekturen nach einem Kriterium zu optimieren. Die wichtigsten·Kriterien sind jene, bei
denen die Summe der Quadrate der Korrekturen minimiert wird
(Gaußsches Kriterium) oder bei denen das Maximum der Beträge
der Korrekturen minimiert wird (Tschebyscheffsches Kriterium).

Die erwähnte Literatur stellt nur eine bescheidene Hilfe bei
der Entwicklung eines Lösungsweges für die spezielle Aus-
gleichsaufgabe dar. Es ergeben sich Probleme durch den Ansatz
eines kubischen Polynoms in Parameterdarstellung, durch die
Eigenschaften der Rechnernumerik und schließlich bei der Organisation des zu erstellenden Programms.

In /36/ wird ausführlich über ein realisiertes, leistungsfähiges Programm berichtet. Mit ihm wurden die unten in Bild
4-11 dargestellten 7 Punkte optimal ausgeglichen, und zwar
mit einer maximalen Abweichung von 0,062 mm. Der Abstand der
beiden äußersten Punkte ist zum Vergleich 207 mm.

4.4.5.2 Indirekte Approximation

Die bei der direkten Approximation geschilderten Schwierig-
keiten lassen sich zum größten Teil vermeiden, wenn zunächst
nur eine Ausgleichung der Meßpunktprojektionen in zwei Hauptebenen des zugeordneten Koordinatensystems durch explizite
Funktionen erfolgt (Bild 4-12).

Die Ausgleichung von Punkten in der Ebene durch explizite
Funktionen ist z.B. in /44/ gelöst. Außerdem bieten die meisten Großrechner-Programmbibliotheken Unterprogramme dafür an.

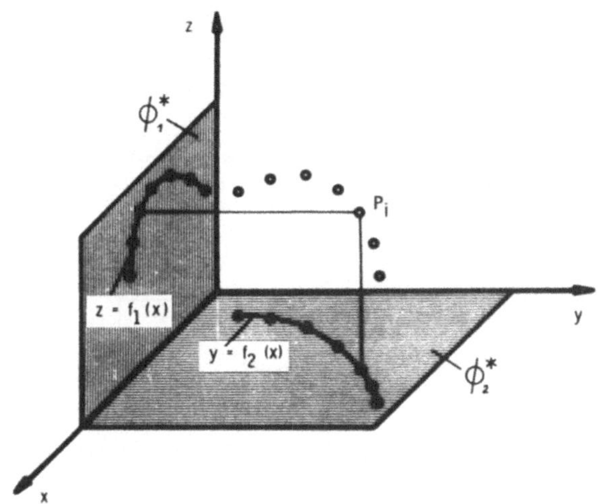

Bild 4-12:
Approximation
der projizierten
Meßpunkte in den
Hauptebenen

P_i ... Raumpunkte (Messpunkte)

ϕ_i^* ... Hauptebene

$\left.\begin{array}{l} f_1(x) \\ f_2(x) \end{array}\right\}$ ... explizite Funktionen

Aus den **expliziten** Funktionen ist die gewünschte Kurvenbeschreibung in Parameterform herzustellen. Dies ist einfach und
eindeutig möglich. Die so erzeugten Funktionen gleichen allerdings nicht die vorgegebenen Punkte optimal aus wie bei der
direkten Approximation.

Aus den 7 Meßpunkten der Testkurve unten in Bild 4-11 konnte
zum Beispiel durch Ausgleichung im Sinne der indirekten Approximation eine maximale Abweichung von rd. 4,5 mm erreicht werden. Sie ist also deutlich schlechter als die der direkten
Approximation (0,062 mm).

Die indirekte Approximation wird z.B. in den Programmiersystemen AUTOKON /28/ und REFSON /45/ angewandt.

4.5 Analytische Beschreibung von Raumflächen

Grundsätzlich gelten die Ausführungen zur analytischen Raumkurvenbeschreibung in 4.4 sinngemäß auch für die analytische
Raumflächenbeschreibung.

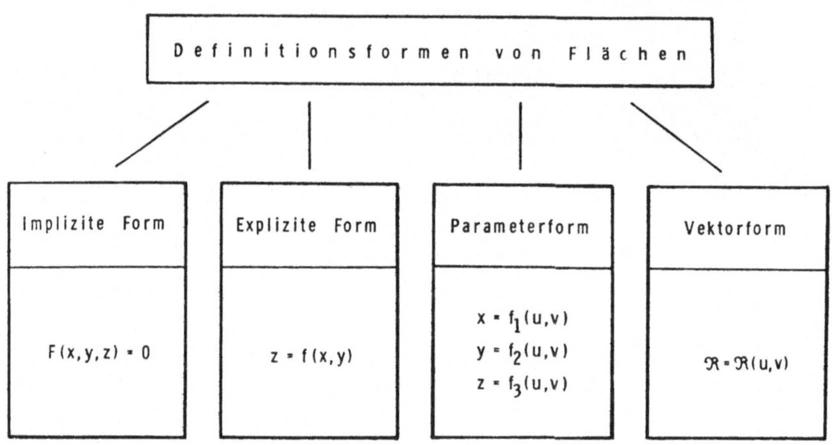

$$F(x,y,z) = 0$$

$$z = f(x,y)$$

$$x = f_1(u,v)$$
$$y = f_2(u,v)$$
$$z = f_3(u,v)$$

$$\mathfrak{R} = \mathfrak{R}(u,v)$$

Bild 4-13: Methoden zur Definition einer Fläche

Aus den in Bild 4-13 dargestellten möglichen Definitionsformen
von Flächen erfüllt ebenfalls die Vektorform die in 4.2 bzw.
4.4.1 gestellten Forderungen am besten. Sie ermöglicht im Gegensatz zur impliziten und expliziten Form die Definition von
Flächenberandungen beliebiger Form, unterliegt keinen Einschränkungen bei der Beschreibung von Flächenbereichen mit
steiler oder gar unendlicher Steigung, ist also unabhängig von
der Lage des gewählten kartesischen Koordinatensystems und
eignet sich ausgezeichnet für differentialgeometrische Berechnungen.

Die allgemeine Flächenbeschreibung in Vektorform entsprechend
der Gleichung (4/1) lautet

$$\Re(u,v) = \sum_{l=1}^{m} \mathfrak{U}_l \cdot f_l(u,v) \qquad (4/4)$$

und entsprechend (4/2), der Parameterform

$$\Re(u,v) = f_1(u,v)\cdot i + f_2(u,v)\cdot j + f_3(u,v)\cdot \mathfrak{k}$$

Die Gewichtsfunktionen f_1, f_2 und f_3 sind im Gegensatz zu denen der Gleichungen (4/1) und (4/2) von zwei Parametern, den
Gaußschen Parametern u und v, abhängig. Je nachdem, welche
Bezugsvektoren $\mathfrak{U}_1 \ldots \mathfrak{U}_m$ und Gewichtsfunktionen gewählt
werden, ergeben sich verschiedene analytische Flächenbeschrei-
bungen.

Bild 4-14 zeigt die wichtigsten zu Bild 4-2 analogen Flächendarstellungen für den Polynomgrad n = 3. In 4.4.2 wurde die
Einschränkung auf diesen Polynomgrad bereits begründet.

Die Bezugsvektoren der Vektorformen in Bild 4-14 sind, um
eine einfachere Darstellung in Summenschreibweise zu ermöglichen, im Gegensatz zur Gleichung (4/4) durch zwei Indizes i
und j gekennzeichnet.

Das bikubische Pflaster entspricht der allgemeinen Kurvendefinition, die 16-Punkte-Fläche der Lagrange-Interpolation,
die Coons-Fläche der Hermite-Interpolation und die Bézier-
Fläche der Bézier-Kurve. Die in 4.4.2 und 4.4.3 ausführlich
diskutierten Vor- und Nachteile der einzelnen Kurvendefinitionen haben im wesentlichen auch für die entsprechenden Flächendefinitionen ihre Gültigkeit.

Die allgemeine Flächendarstellung ist wegen ihrer einfachen
Gewichtsfunktionen für die Verarbeitung und Speicherung im
Rechner am besten geeignet.

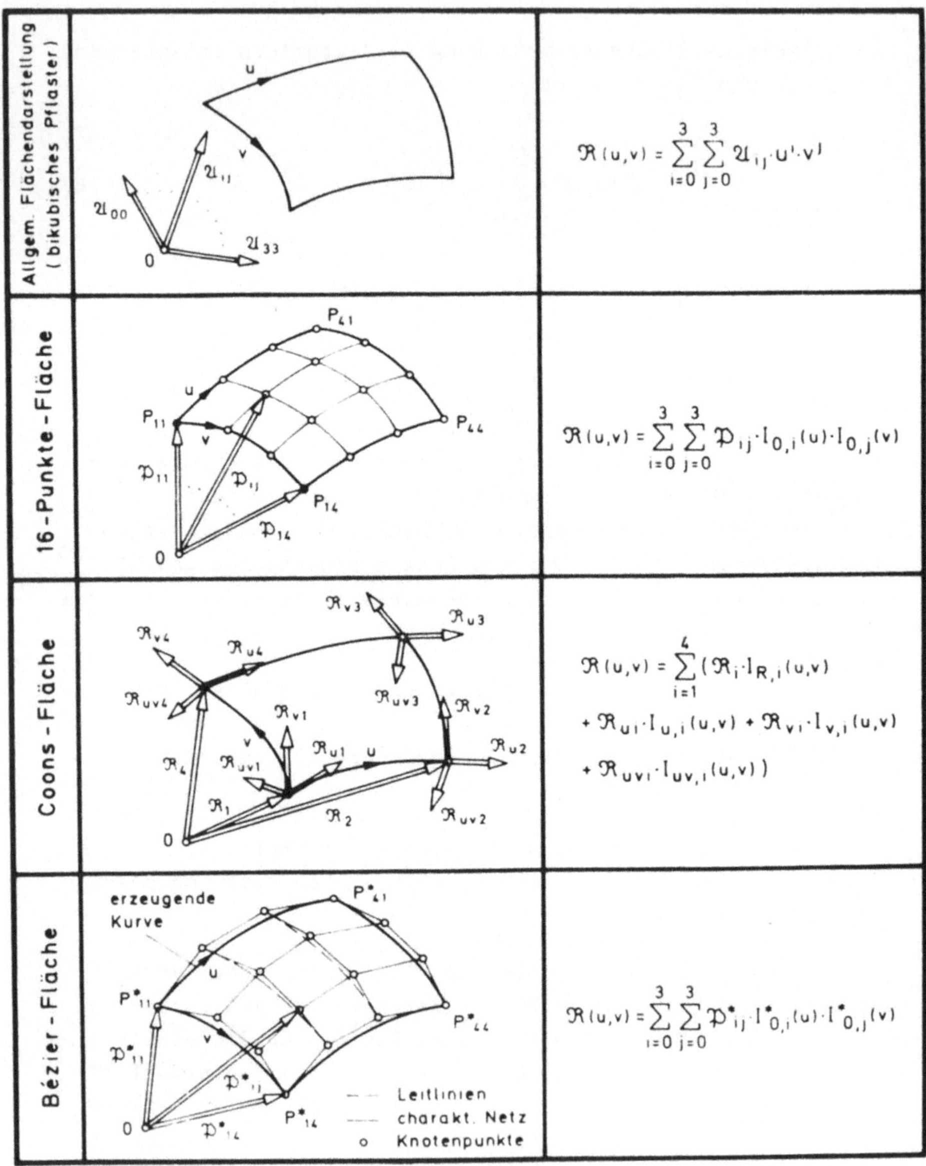

Bild 4-14: Beschreibung von Raumflächen in Vektorform

Die Flächendefinitionen durch 16-Punkte nach Coons und Bézier
haben, da die Bezugsvektoren in direkter Beziehung zur darzustellenden Fläche stehen, Vorteile, insbesondere zur unmittelbaren Erzeugung der gewünschten Flächenform. Mit der 16-
Punkte-Fläche ist allerdings die geforderte Stetigkeit in der
1. Ableitung über den Pflasterrand hinweg nicht zu verwirkli-
chen.

Die Coons-Fläche ergibt sich aus der Gewichtung von Randbedingungen /46/.

In Bild 4-14 sind diese Randbedingungen die Eckpunktsinforma-
tionen $\mathfrak{R}_i$, $\mathfrak{R}_{ui}$, $\mathfrak{R}_{vi}$ und $\mathfrak{R}_{uvi}$ (i = 1...4). Die Vektoren
$\mathfrak{R}_i$, $\mathfrak{R}_{ui}$ und $\mathfrak{R}_{vi}$ sind durch die Form der Randkurven bestimmt
und die Vektoren $\mathfrak{R}_{uvi}$, auch Twistvektoren genannt, durch die
Form der Fläche im Innern.

Eine einfachere Flächenbeschreibung nach Coons ergibt sich
durch die ausschließliche Gewichtung der Randkurven. Näheres
dazu im folgenden Abschnitt 4.6 und in /47/.

Bei der unmittelbaren Erzeugung einer Coons'schen Fläche werden die Eckpunktsinformationen bzw. die Randkurvenformen va-
riiert. Die Flächendefinition nach Coons eignet sich aber auch,
wie es noch in 4.6 gezeigt wird, zur Approximation von Meßpunkten.

Die Darstellung einer Fläche nach Bézier ergibt sich aus einer
bewegten Bézier-Kurve, die sich gleichzeitig verformt (Bild
4-14), das heißt, die darzustellende Fläche ist der geometrische Ort der bewegten Kurve. Nach Bézier werden beliebige
Raumkurven durch die Vektoren eines Polygonzuges, die den Verlauf der Raumkurve angenähert wiedergeben, beschrieben und mit
Hilfe von Gewichtsfunktionen analytisch dargestellt. Zur Darstellung eines Flächenelements genügt es, jedem Knotenpunkt
des charakteristischen Polygonzuges der erzeugenden Kurve eine
Laufbahn, auch Leitlinie genannt, zuzuordnen. Diese ist, wie
die erzeugende Kurve, durch einen charakteristischen Polygonzug bestimmt. Die Menge aller Polygonzüge ergeben das soge-

nannte charakteristische Netz. Durch dieses ist das Flächen-
element nach Bézier eindeutig bestimmt.

Die Bézier-Fläche wird durch Manipulation der Knotenpunkte
P^*_{ij} in Bild 4-14 erzeugt. Wie bei der Bézier-Kurve lassen
sich die Knotenpunkte, wegen des engen Zusammenhangs Kurve -
charakteristisches Netz, durch den Konstrukteur zielbewußt verschieben. Für die unmittelbare Erzeugung einer gekrümmten Fläche bietet dies gegenüber der allgemeinen Coonsschen Flächendefinition, bei der die geometrisch schwer vorstellbaren Vektoren $\mathfrak{R}_{uvi}$ zu variieren sind, einen Vorteil.

Die Flächendefinition nach Bézier bietet sich vor allem für
die Darstellung großer Flächenbereiche an. Der Polynomgrad der
Gewichtsfunktionen wird zu diesem Zweck je nach Notwendigkeit
zwischen n = 3 und n = 6 verändert.

4.6 Darstellung gekrümmter Flächen durch Approximation von Meßpunkten

In 4.4.4 wurden bereits am Beispiel der Raumkurvendarstellung
die Vor- und Nachteile der Verfahren zur Approximation von
Meßpunkten erläutert (Bild 4-10). Die Vorteile erwiesen sich
als sehr eindrucksvoll. Daher sind diese Verfahren auch für
die unmittelbare Erzeugung gekrümmter Flächen aus dichtliegenden Meßpunkten von besonderem Interesse.

Zur Entwicklung von Approximationsmethoden für die Raumflä-
chendarstellung sind die Verfahren von Coons besonders geeignet.

4.6.1 Einfaches Verfahren nach Coons

Ein häufig angewandtes Verfahren zur Bestimmung der unbekannten Polynomkoeffizienten $\mathfrak{A}_{ij}$ eines Flächenstücks (Bild 4-14, oben) ist das einfache Interpolationsverfahren nach Coons (Bild 4-15). Ein Flächenpunkt wird mittels geeigneter Gewichtsfunktionen F_0 und F_1 zwischen den Randkurven $\mathfrak{K}_1$, $\mathfrak{K}_2$, $\mathfrak{K}_3$ und $\mathfrak{K}_4$ in Abhängigkeit der Parameter u_i und v_i interpoliert. Für F_0, F_1, $\mathfrak{K}_1$, $\mathfrak{K}_2$, $\mathfrak{K}_3$ und $\mathfrak{K}_4$ werden kubische Polynome in u bzw. v angesetzt. Die Koeffizienten von F_0 und F_1 ergeben sich aus den geforderten Randbedingungen. Zum Beispiel muß die Ste-

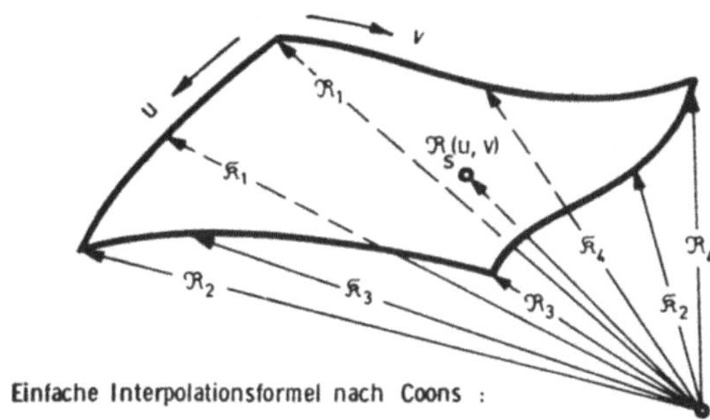

Einfache Interpolationsformel nach Coons :

$$\mathfrak{R}_s(u, v) = \mathfrak{K}_1 F_0(v) + \mathfrak{K}_2 F_1(v) + \mathfrak{K}_3 F_1(u) + \mathfrak{K}_4 F_0(u)$$

$$- \mathfrak{R}_1 F_0(u) F_0(v) - \mathfrak{R}_2 F_0(v) F_1(u) - \mathfrak{R}_3 F_1(u) F_1(v) - \mathfrak{R}_4 F_0(u) F_1(v)$$

$$F_0, F_1 \quad \ldots \text{ Gewichtsfunktionen}$$
$$\text{für } 0 \leq u, v \leq 1$$

Bild 4-15:
Einfaches Interpolationsverfahren nach Coons

Vorteilhafte Randkurvendarstellung

$$\mathfrak{K}_i = \begin{pmatrix} x_i \\ y_i \\ z_i \end{pmatrix} = \begin{pmatrix} a_{0i} & a_{1i} & a_{2i} & a_{3i} \\ b_{0i} & b_{1i} & b_{2i} & b_{3i} \\ c_{0i} & c_{1i} & c_{2i} & c_{3i} \end{pmatrix} \begin{pmatrix} 1 \\ t \\ t^2 \\ t^3 \end{pmatrix}$$

Für $\mathfrak{K}_1$, $\mathfrak{K}_2$ gilt $t = u$

Für $\mathfrak{K}_3$, $\mathfrak{K}_4$ gilt $t = v$

tigkeit der Anstiege über den Pflasterrand hinweg erfüllt sein
/3/. Das ästhetische Aussehen und die Annäherungsgüte eines
Flächenstücks ist bei diesem Verfahren vollständig durch die
Randkurven bestimmt. Eine Schwingung im Randkurvenverlauf überträgt sich ebenso auf das Flächeninnere wie eine schlechte Annäherung der darzustellenden Fläche durch die Randkurve. Und
schließlich wirkt sich eine Unstetigkeit in der Tangente zwischen zwei aufeinanderfolgenden Randkurven auf den Anstieg entlang des gemeinsamen Flächenrandes der beiden den Randkurven
zugehörigen Pflaster aus.

Bei dem einfachen Coons'schen Verfahren wird also das Flächen-
darstellungsproblem reduziert. Es bleibt die Aufgabe, die numerische Darstellung eines bezüglich Aussehen und Annäherung ak-
zeptablen Randkurvennetzes zu erzeugen. Jedes Netzsegment wird
vorteilhaft durch kubische Polynome in Parameterform analytisch
beschrieben (Bild 4-15, unten). Sie lassen sich aus dem punktweise gemessenen Randkurvennetz durch Approximation ermitteln.
Auf die dafür in Frage kommenden Methoden wurde bereits in
4.4.3 eingegangen.

4.6.2 <u>Allgemeines Verfahren nach Coons</u>

Das allgemeine Coons'sche Verfahren erlaubt, die in Bild 4-15
dargestellte Vektorform $\Re_s(u,v)$ durch eine im Aufbau ähnliche
zu korrigieren. Sie lautet

$$\Re_c(u,v) = \Re_{1v}\, G_0(v) + \Re_{2v}\, G_1(v) + \Re_{3u}\, G_1(u) + \Re_{4u}\, G_0(u)$$

$$- \Re_{1uv}\, G_0(u)\cdot G_0(v) - \Re_{2uv}\, G_1(u)\cdot G_0(v)$$

$$- \Re_{3uv}\, G_1(u)\cdot G_1(v) - \Re_{4uv}\, G_0(u)\, G_1(v)$$

und die korrigierte Vektorform

$$\Re(u,v) = \Re_s(u,v) + \Re_c(u,v)$$

Korrigiert werden die Anstiege am Pflasterrand, z.B. ist $\Re_{1v}$ der Anstieg längs der Kurve $\Re_1$ in v-Richtung. Die Randkurven bleiben unverändert. Das bedeutet, daß durch die Korrektur nur die Beschreibung für das Innere des Pflasters beeinflußt werden kann.

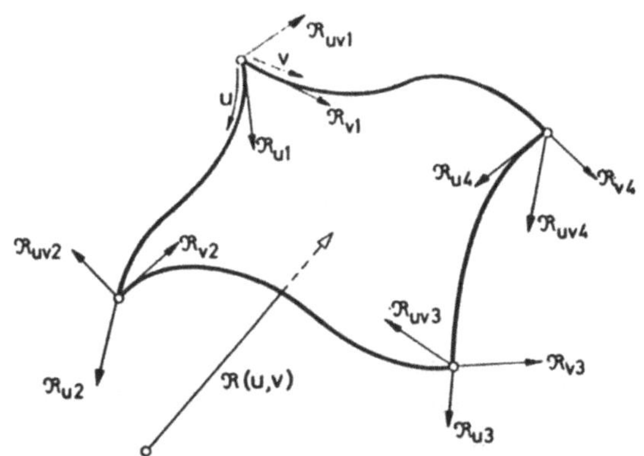

Allgemeine Parameterdarstellung der Pflasterfläche nach Coons

Bild 4-16: Allgemeine Flächendarstellung nach Coons

$$\Re(u,v) = \begin{bmatrix} F_0(u) \\ F_1(u) \\ G_0(u) \\ G_1(u) \end{bmatrix}^{T} \begin{bmatrix} \Re_1 & \Re_4 & \Re_{v1} & \Re_{v4} \\ \Re_2 & \Re_3 & \Re_{v2} & \Re_{v3} \\ \Re_{u1} & \Re_{u4} & \Re_{uv1} & \Re_{uv4} \\ \Re_{u2} & \Re_{u3} & \Re_{uv2} & \Re_{uv3} \end{bmatrix} \begin{bmatrix} F_0(v) \\ F_1(v) \\ G_0(v) \\ G_1(v) \end{bmatrix}$$

F_0, F_1, G_0, G_1 .... Gewichtsfunktionen für $0 \leq u,v \leq 1$

$\Re_i, \Re_{ui}, \Re_{ui}, \Re_{uvi}$ ...... Positionsvektor, Tangentenvektoren und Twistvektor im Pflastereckpunkt i

Stellt man die korrigierte Vektorform in Abhängigkeit der Eckpunktsinformationen und Gewichtsfunktionen in Matrizenschreibweise dar, so erhält man die in Bild 4-16 gezeigte übersicht-

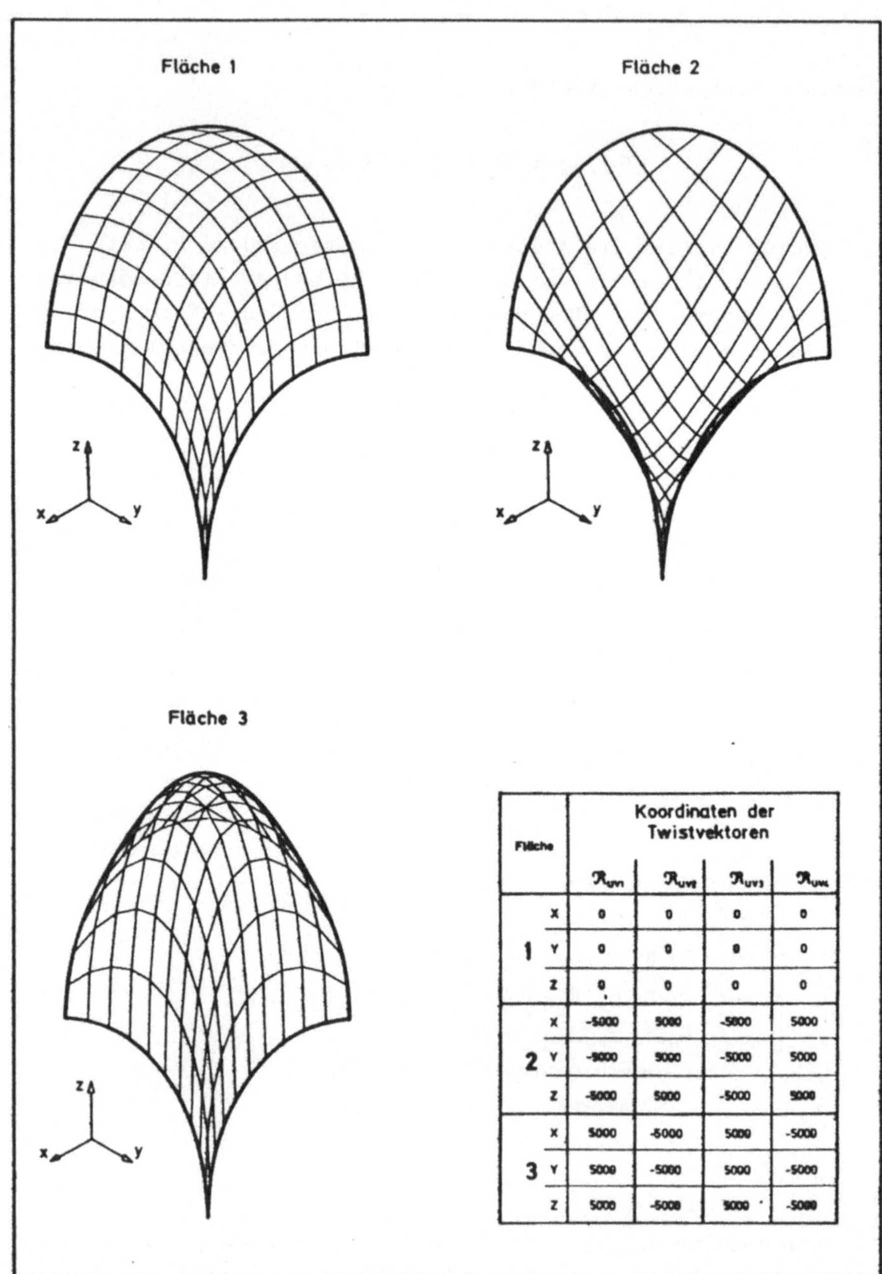

Fläche		Koordinaten der Twistvektoren			
		$\Re_{uv1}$	$\Re_{uv2}$	$\Re_{uv3}$	$\Re_{uv4}$
1	X	0	0	0	0
	Y	0	0	0	0
	Z	0	0	0	0
2	X	-5000	5000	-5000	5000
	Y	-5000	5000	-5000	5000
	Z	-5000	5000	-5000	5000
3	X	5000	-5000	5000	-5000
	Y	5000	-5000	5000	-5000
	Z	5000	-5000	5000	-5000

Bild 4-17: Einfluß der Twistvektoren auf die Flächenform

liche Gleichung. Die Twistvektoren $\Re_{uv1}, \ldots, \Re_{uv4}$ beeinflussen die Anstiege am Pflasterrand bzw. die Form im Pflasterinnern.

Bild 4-17 zeigt den Einfluß der Twistvektoren auf eine Flächenform sehr deutlich.

Während sich die Positionsvektoren $\Re_1, \ldots, \Re_4$ und die Tangentenvektoren $\Re_{u1}, \ldots, \Re_{u4}$ und $\Re_{v1}, \ldots, \Re_{v4}$ aus den Randkurven bestimmen lassen, ist die Ermittlung der optimalen Twistvektoren, besonders für Flächen, die im Innern wesentlich von den Randkurven abweichen, durch Probieren fast ausgeschlossen.

Hier lassen sich Approximationsmethoden /43,48/, die aus zahlreichen, innerhalb der Flächenberandung liegenden Meßpunkten die Twistvektoren berechnen, erfolgreich einsetzen. Dies kann an zwei in Bild 4-18 dargestellten Flächen, einer Testfläche und dem oberen Teil der dargestellten Verdichterschaufelfläche, gezeigt werden.

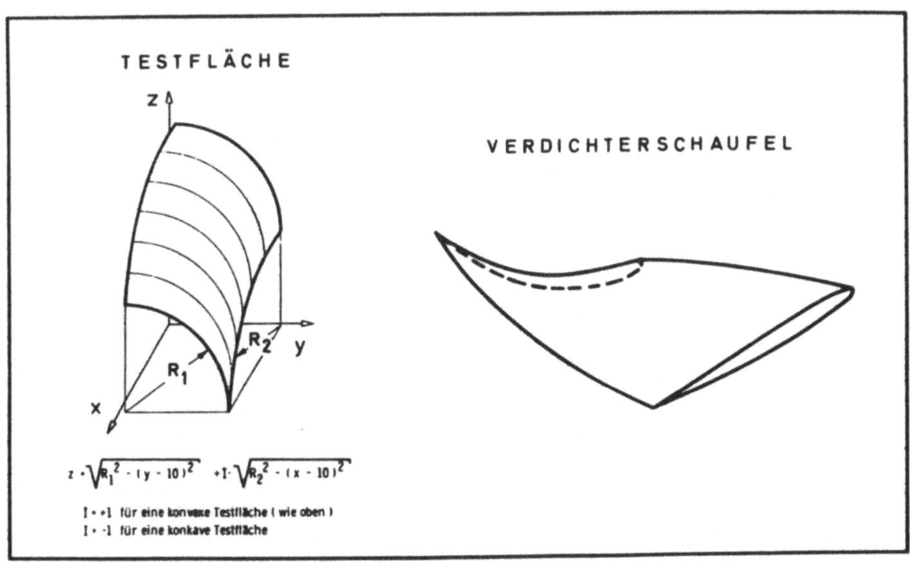

$$z = \pm\sqrt{R_1^2 - (y - 10)^2} \; + I \cdot \sqrt{R_2^2 - (x - 10)^2}$$

Bild 4-18: Beispiele für gekrümmte Flächen

Die Positionsvektoren $\Re_1, \ldots, \Re_4$ und die Tangentenvektoren $\Re_{u1}, \ldots, \Re_{u4}$ bzw. $\Re_{v1}, \ldots, \Re_{v4}$ werden aus den Randkurven, die sich aus der Approximation gemessener Randpunkte nach den in /36/ beschriebenen Verfahren ergeben, bestimmt.

Die Twistvektoren lassen sich durch das von Strauß /48/ entwickelte Approximationsverfahren aus den im Flächeninnern liegenden Meßpunkten ermitteln. Einige wesentliche Ergebnisse dieser Approximation sind in Bild 4-19 zusammengestellt.

Für die Testfläche ergeben sich für die Twistvektoren nahezu Nullvektoren. Dies ist auch verständlich, da die Fläche laut Definition der geometrische Ort aller bewegten Randkurven ist. In solchen Fällen bzw. wenn die Fläche im Innern nicht wesentlich von den Randkurven abweicht, ist eine Ermittlung der Twistvektoren nicht notwendig. Das in 4.6.1 beschriebene Verfahren ist für solche Fälle ausreichend.

	Anzahl der Meßpunkte	TWISTVEKTOREN				Maximale Abweichung mm	Rechenzeit CDC 6600 s
		$\lvert\Re_{uv1}\rvert$	$\lvert\Re_{uv2}\rvert$	$\lvert\Re_{uv3}\rvert$	$\lvert\Re_{uv4}\rvert$		
Testfläche (konvex)	49	0,03	0,02	0,03	0,03	0,03	0,22
Verdichterschaufel- fläche (oben)	100	54,4	60,9	591,7	91,3	0,7	0,69

__Bild 4-19__: Vergleich der Approximationsergebnisse zweier gekrümmter Flächen

Anders bei der verwundenen Verdichterschaufelfläche, die im Innern sehr stark von den Randkurven abweicht. Hier ergeben sich deutlich von Null verschiedene Beträge der Twistvektoren. Hätte man auf eine Ermittlung der Twistvektoren und damit auf die noch mögliche Beeinflussung des Flächeninnern verzichtet, also die Beträge der Twistvektoren vereinfachend Null gesetzt, so wäre die maximale Abweichung rund 16 mal größer geworden.

Für den Entwickler von Programmiersystemen zum Entwurf gekrümmter Flächen und Anpassprogrammen nach Bild 3-13 sind in
diesem Abschnitt die notwendigen Grundlagen erarbeitet worden.
Im besonderen sind Verfahren zur Approximation dicht liegender
Flächenpunkte (Meßpunkte) vorgestellt und ihre Vorteile an
praktischen Beispielen aufgezeigt worden. Diese Verfahren werden in Zukunft dort zunehmend an Bedeutung gewinnen, wo die unmittelbare Erzeugung eines numerischen Flächenmodells (z.B. im
Automobilbau) notwendig ist.

Die Flächendarstellung nach Coons erwies sich als sehr gute
Voraussetzung für die Entwicklung von leistungsfähigen Verfahren zur Approximation von Raumpunkten.

Im folgenden Abschnitt werden nun ausgehend von der Analyse
der Programmiersysteme in Abschnitt 3. technologische Erweiterungsmöglichkeiten erarbeitet.

5. Fünfachsige Fräsbearbeitung gekrümmter Flächen

Das fünfachsige Fräsen bietet im Vergleich zu den konkurrie-
renden Fertigungsverfahren, insbesondere dem dreiachsigen
Fräsen, eine nach geometrischen und technologischen Gesichtspunkten (Bilder 2-2 und 2-4) günstigere Bearbeitung gekrümmter Flächen an. Wie weit es möglich ist, diese Vorteile anzu-
wenden und durch sie wirtschaftlicher fertigen zu können,
hängt sehr von den Programmiermöglichkeiten ab. Im Abschnitt
3. wurden die Unzulänglichkeiten bestehender Programmiersysteme hinsichtlich der Fräserwegberechnung herausgestellt. Diese
gilt es zu beheben. Gleichzeitig ist es wichtig, daß dem Programmierer neben einem verbesserten Programmiersystem auch
Hinweise für die Programmierung gekrümmter Flächen zur Verfügung stehen.

Im folgenden werden Kriterien und Rechenverfahren zur Bestimmung von Fräsbahnabständen, der Fräsbahnlagen und der optimalen Fräserführung erarbeitet. Die Grundlage dafür ist die
Kenntnis der beim Fräsen entstehenden Fräsrillenformen, der
Makrogeometrie. Daher wird auf sie zunächst eingegangen.

5.1 Die Makrogeometrie gefräster Oberflächen

Die spanende Gesamtbearbeitung von Werkstückformen komplexer
Art ist nur durch das Fräsen möglich. Mit diesem bezüglich
der Werkstückgeometrie universellen Abspanverfahren kann in
der Regel jeder Flächenpunkt bearbeitet werden. Aus wirtschaftlichen Gründen wird man sich allerdings mit der exakten
Bearbeitung nur weniger Flächenpunkte, nämlich den auf der
Fräszeile liegenden Flächenpunkten, begnügen müssen. Dabei
entstehen die sogenannten Fräsrillen, die ein Abbild des bewegten Fräsers auf dem Werkstück sind und im allgemeinen-
die erwähnten Fräspunkte ausgenommen - von der gewünschten
Werkstückform, der Solloberfläche, abweichen. Betrachtet man
die Fräsrillen geometrisch ideal, das heißt ohne die durch

den Spanvorgang überlagerte strukturlose Rauheit und ohne den kinematischen Fehler (Bild 2-13), so ergibt die Gesamtheit aller zur Bearbeitung notwendigen Fräsrillen die Makrogeometrie der gefrästen Fläche.

Das Aussehen der gefrästen Oberflächen wird von der Geometrie und Lage der einzelnen Fräsrillen bestimmt. In Bild 5-1 sind alle Größen mit Einfluß auf die Makrogeometrie dargestellt.

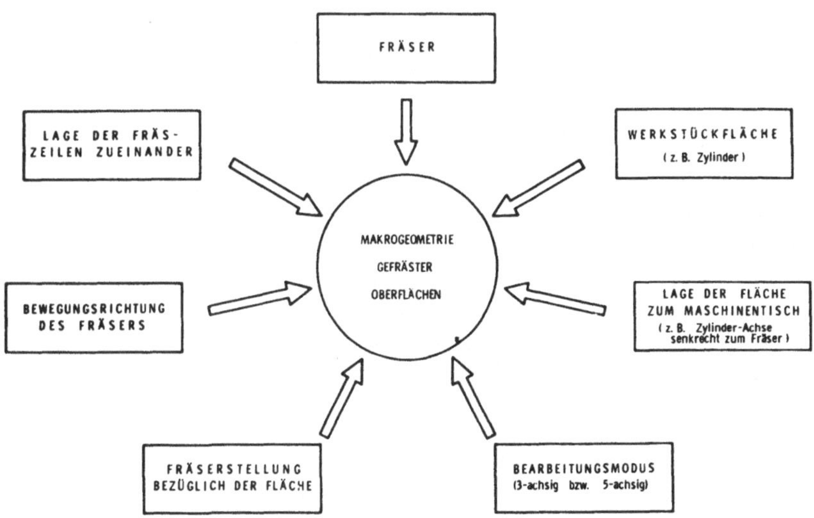

Bild 5-1: Makrogeometrie gefräster Oberflächen

Bei genauer Kenntnis dieser Größen ist es möglich, verschiedene Bearbeitungsmethoden für eine Fläche nicht nur nach technologischen, sondern auch nach makrogeometrischen Gesichtspunkten zu vergleichen. Zum Beispiel lassen sich dann Kriterien angeben, wie eine Fläche in einer günstigen Aufspannung mit einem bestimmten Fräser abgearbeitet werden muß, um bei einer vorgegebenen Fräsrillentiefe mit möglichst wenig Fräsbahnen auszukommen.

Hinsichtlich der rechnerunterstützten Programmierung von NC-

Maschinen mit Hilfe geeigneter Programmiersysteme können aus
dem funktionalen Zusammenhang aller, die Makrogeometrie be-
einflussenden Größen Rechenalgorithmen entwickelt werden, die
den Abstand zwischen zwei Fräsbahnen bei vorgegebenen Einflußgrößen und vorgegebener Fräsrillentiefe berechnen.

5.1.1 Erfassung und Beschreibung der Fräsrillengeometrie

Um die Makrogeometrie einer durch Fräsen gefertigten Oberflä-
che einfacher erfassen zu können, werden im allgemeinen ihre
Abweichungen von der geometrisch idealen Fläche in Oberflä-
chenschnitten, und zwar in Normalschnitten senkrecht zum Fräsrillenverlauf, betrachtet /9/. Diese Schnitte werden als Nor-
malprofilschnitte bezeichnet und stellen die Fräsrillenprofile

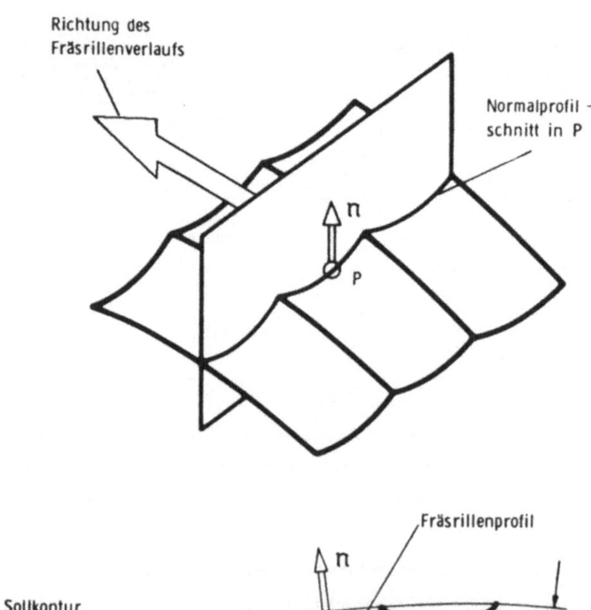

Bild 5-2:
Normalprofil-
schnitt einer
gefrästen
Fläche im
Punkt P

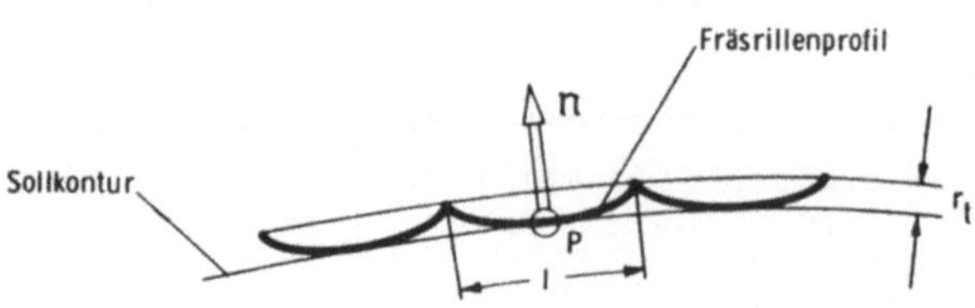

dar. Die wichtigen, immer wiederkehrenden Begriffe wie Normal-
profilschnitt, Sollkontur, Fräsrillenprofil, Fräsrillentiefe
r_t, die im folgenden als Rillentiefe r_t bezeichnet wird, und
Überdeckung l werden in Bild 5-2 erläutert.

Die Form eines Fräsrillenprofils wird durch viele Parameter
beeinflußt (Bild 5-3). Daher ist eine mathematische Formulierung des Fräsrillenprofils schwierig. Je komplizierter die
Fräser- und Werkstückgeometrie, desto komplizierter die Beschreibung des Fräsrillenprofils. Aus diesem Grunde ist es erforderlich, den Einfluß der im Bild 5-3 dargestellten Parameter für eine analytisch einfach beschreibbare Werkstückgeometrie aufzuzeigen. Der Viertel-Kreiszylinder erweist sich

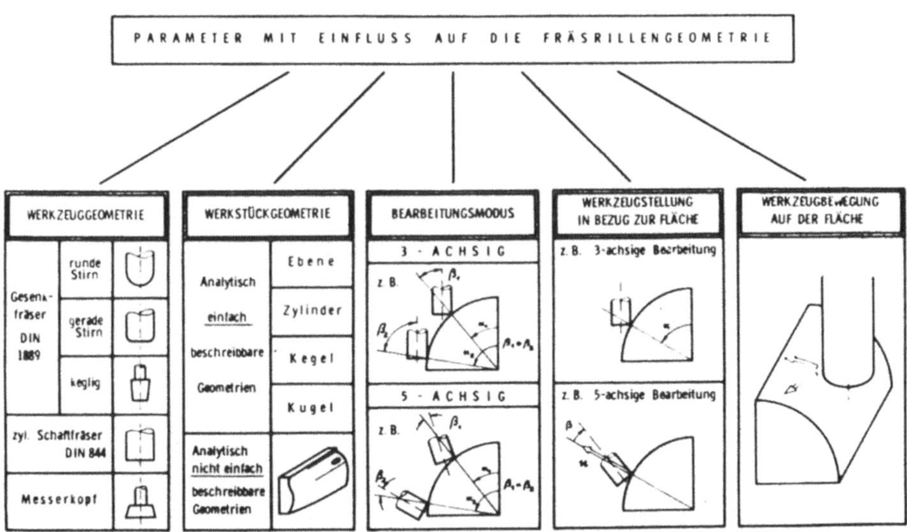

Bild 5-3: Parameter mit Einfluß auf die Fräsrillengeometrie

als sehr geeignet, da sich die Fräsrillenprofile der denkbaren
Bearbeitungsmöglichkeiten analytisch, meist sogar geschlossen
analytisch formulieren lassen (Bild 5-4). Außerdem können später die so entwickelten Rillenprofilformeln der Fräsbahnen
quer zur Zylinderachse für die allgemeine Abstandsberechnung

zweier, durch fünfachsiges Fräsen erzeugter Fräsbahnen auf gekrümmte Werkstückflächen angewendet werden (siehe 5.2).

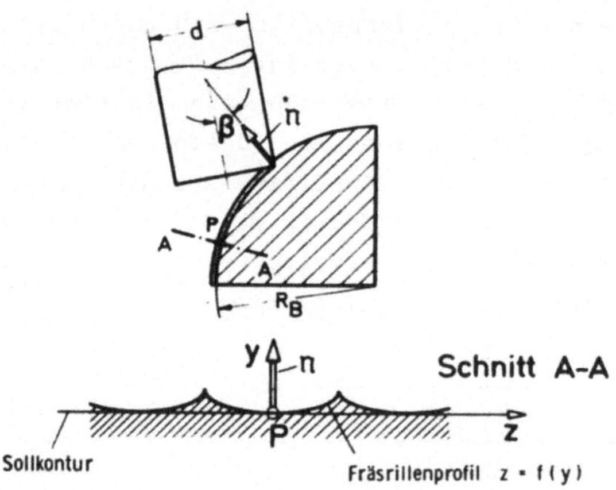

Allgemeine analytische Beschreibung
des Fräsrillenprofils :

$$z = f(R_B, d, \beta, y)$$

Ausführliche analytische Beschreibung
des Fräsrillenprofils :

$$z = \sqrt{\left(\frac{d}{2}\right)^2 - \left(-R_B \sin\beta + \sqrt{R_B^2 \sin^2\beta + y(y + 2R_B)} - \frac{d}{2}\right)^2}$$

Bild 5-4: Analytische Beschreibung eines Fräsrillenprofils
für den Fall: Fünfachsige Fräsbearbeitung eines
Kreiszylinders

5.1.2 <u>Analyse der Parameter mit Einfluß auf das Fräsrillenprofil</u>

Die analytischen Beschreibungen der Fräsrillenprofile sind in
der Regel mehrdeutige Funktionen mehrerer Veränderlicher
(Bild 5-4, unten)

$$z = f(d, y, \beta \dots)$$

Der Fräserdurchmesser d ist immer Argument der Funktionen.
Wird die variable Größe z und die Funktion f auf ihn bezogen,
so ergibt sich

$$\frac{z}{d} = f(\frac{y}{d}, \beta \dots)$$

Damit kann der Fräserdurchmesser d, ohne Einschränkung der All-
gemeingültigkeit, in den folgenden Untersuchungen als Parameter
mit Einfluß auf das Fräsrillenprofil unberücksichtigt bleiben.

5.1.2.1 <u>Einfluß der Werkzeuggeometrie</u>

Für das fünfachsige Fräsen sind vor allem Fräser, die sich nur
auf einer Seite einspannen lassen, geeignet. Genormte Fräser
dieser Art zeigt Bild 5-5. Im Bild wurden nur die Hüllkörper
dieser Fräser und die in den Normen /50/ festgelegten Abmessungen, die einen Einfluß auf das Fräsrillenprofil haben, dargestellt. Neben den genormten Fräsern kommen häufig Sonderfräser,
wie Faßfräser, Messerkopf und Schaftfräser mit kreisrunden
Hartmetalleinsätzen zur Anwendung (Bild 5-6).

Die Fräsrillenprofile werden von der Fräserform, genauer ausge-
drückt von dem Hüllkörper des rotierenden Fräsers beeinflußt.
Im Bereich üblicher Rillentiefen ($0,0005 \leqq r_t/d \leqq 0,01$) sind sie
vor allem durch die Fräserstirnseite, einschließlich dem eventuell vorhandenen torusförmigen Übergang in den zylindrischen

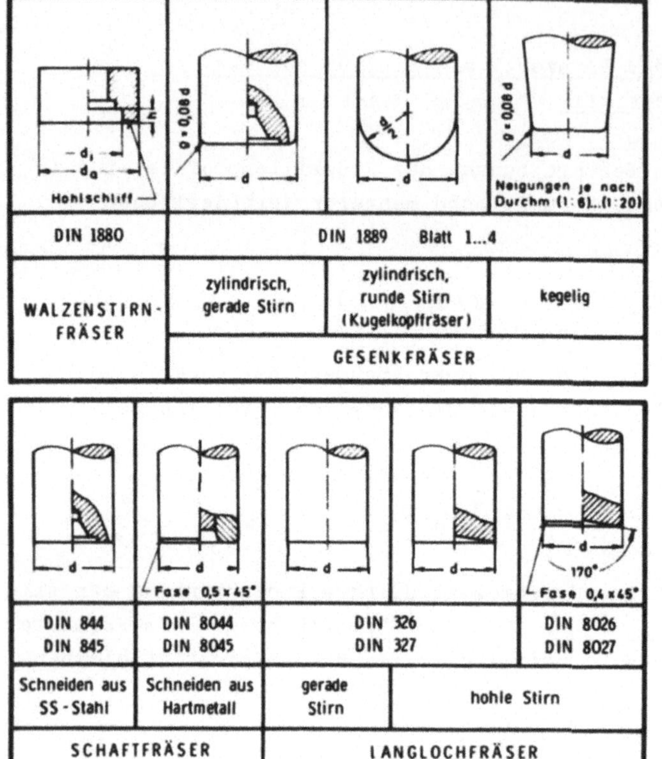

Bild 5-5: Geeignete Normfräser für das fünfachsige Fräsen

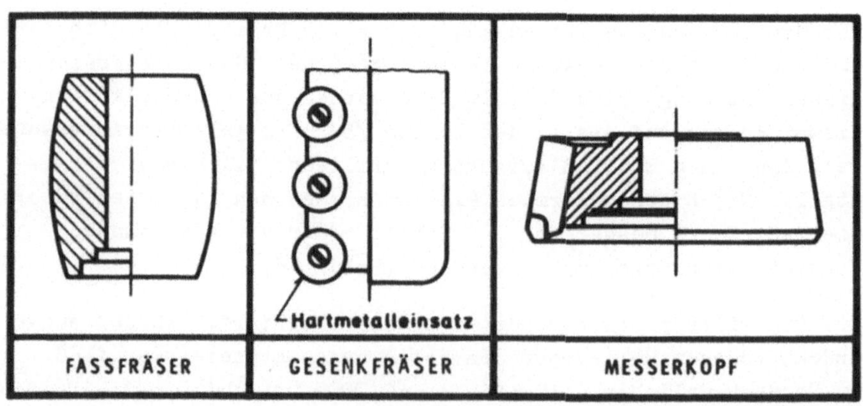

Bild 5-6: Geeignete Sonderfräser für das fünfachsige Fräsen

bzw. leicht kegeligen Fräserteil, bestimmt. Daher ist es nicht
notwendig, den ohnehin geringen Einfluß einer leicht kegeligen
oder balligen Fräsermantelgeometrie auf die Fräsrillengeometrie zu berücksichtigen. Am Bild 5-7 wird dies deutlich. Es
zeigt die Fräsrillenprofile für die wichtigsten Fräserhüllkör-
per: den zylindrischen Schaftfräser (I) und den Gesenkfräser
mit gerader (II) und runder Stirn (III).

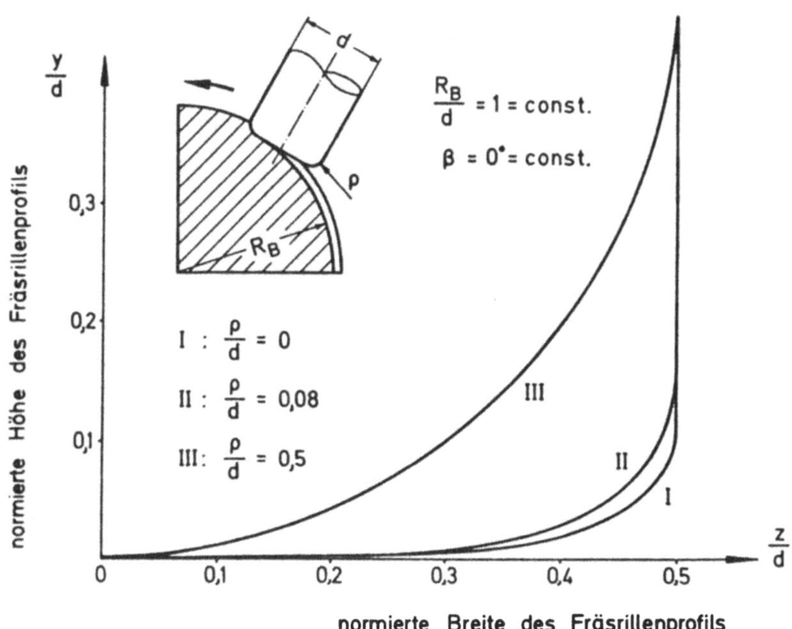

Bild 5-7: Einfluß der Werkzeuggeometrie auf das Fräsrillenprofil

Bei dem Fräsrillenprofil III in Bild 5-7, das im folgenden
im Vergleich zu den Fräsrillenprofilen I und II auch als
engeres Fräsrillenprofil bezeichnet wird, handelt es sich
um einen Viertelkreis. Es wird durch den "Kugelkopffräser",
wie der Gesenkfräser mit runder Stirn meist genannt wird,
erzeugt. Typisch für dieses Rillenprofil ist, daß es nicht,
wie sonst üblich, von der Lage der Werkstückfläche,

vom Bearbeitungsmodus, der Stellung und Bewegung des Fräsers
bezüglich der Werkstückfläche abhängig ist. Die analytische
Profilbeschreibung ist daher sehr einfach und die Fräszeilenabstände lassen sich mit geringem Aufwand berechnen /51/. Zerspanungstechnologisch gesehen ist dieser Fräser jedoch ein
recht problematisches Werkzeug. Bedingt durch die kleinen
Schnittgeschwindigkeiten in der Nähe der Fräserspitze und den
dort vorhandenen kleinen Spanräumen ergibt sich hier ein für
die Zerspanung sehr ungünstiger Fräsbereich.

Aus diesem Grunde kommen vor allem Gesenkfräser mit gerader
Stirn nach DIN 1889, zylindrische Schaftfräser nach DIN 844
und die in Bild 5-6 gezeigten Sonderfräser zum Einsatz. Das
mittlere und untere Fräsrillenprofil wird durch diese Fräser
erzeugt. Bedingt durch den Eckenradius ρ verläuft das Rillenprofil des Gesenkfräsers mit gerader Stirn enger als das des
zylindrischen Schaftfräsers. Die Differenz zwischen beiden
Rillenprofilen wird vor allem vom Eckenradius beeinflußt.

Die mathematische Formulierung des durch den Gesenkfräser mit
gerader Stirn erzeugten Fräsrillenprofils ist sehr kompliziert
/51/ und daher für eine praktische Anwendung, z.B. für die
Fräszeilenabstandsberechnung, nicht geeignet. Wie weit und mit
welchem Fehler sich die Berechnung näherungsweise nach dem
Fräsrillenprofil des entsprechenden zylindrischen Schaftfräsers durchführen läßt, wird in 5.2.1 besprochen.

Bei besonderer Anstellung des Fräsers an das Werkstück (Bild
5-12) können noch zusätzliche Bereiche der Fräserstirnseite
das Fräsrillenprofil beeinflussen.

5.1.2.2 Einfluß der Werkstückgeometrie

Die Werkstückgeometrie beeinflußt das Fräsrillenprofil durch
die Krümmungsverhältnisse bzw. den Krümmungsradius in Fräsrichtung. Es ist zwischen einem Krümmungsradius bei konvexer
und einem Krümmungsradius bei konkaver Fläche zu unterscheiden. Den Einfluß des Krümmungsradius bei konvexer und konkaver Fläche zeigen die beiden Scharen von Fräsrillenprofilen
in Bild 5-8.

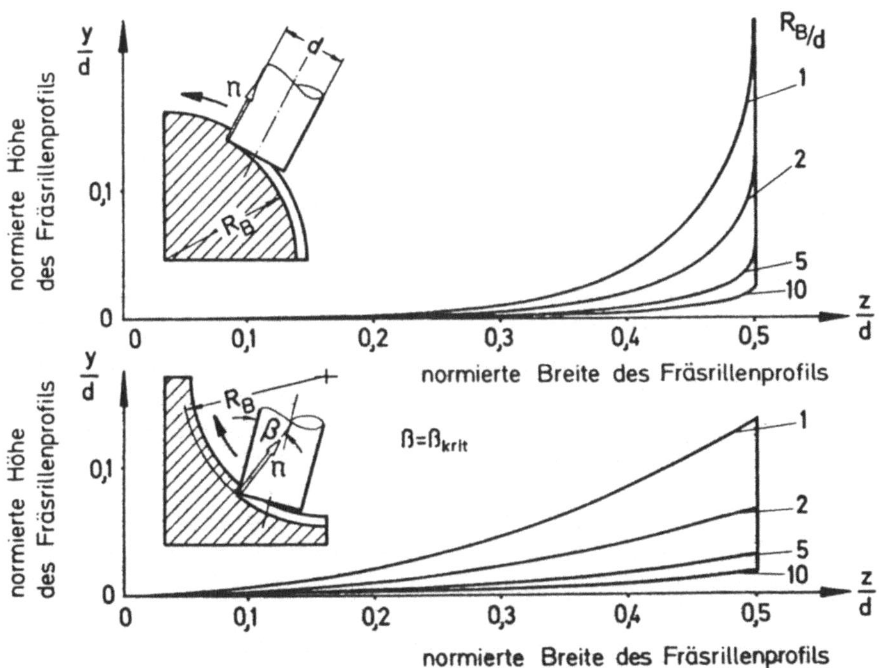

Bild 5-8: Einfluß der Werkstückgeometrie auf das Fräsrillenprofil

Die Fräsrillenprofile für konvexe und konkave Flächen mit
gleichem Krümmungsradius unterscheiden sich wesentlich.

Bei der konkaven Fläche kann der Fräser nicht parallel zur
Flächennormale gestellt werden. Um zu verhindern, daß der hin-
tere Bereich der Fräserstirnseite nachschneidet und die schon
erzeugte gewünschte Kontur wieder zerstört, muß der Fräser
mit einem ausreichend großen Voreilwinkel β zur Flächennormale angestellt werden. Dadurch ergeben sich steilere, weniger
vorteilhafte Rillenprofile (Bild 5-8, unten). Sie sind für den
Fall, daß die zugehörigen Voreilwinkel β gleich dem kritischen Voreilwinkel β_{krit} sind, Kreisbögen mit dem Radius R_B
(siehe 5.3.2.1).

5.1.2.3 Einfluß des Bearbeitungsmodus

Die Bearbeitungsmodi, d.h. dreiachsiges bzw. fünfachsiges Fräsen, erzeugen sehr unterschiedliche Fräsrillenformen (Bild 5-9).
Die Fräsrillenprofile der dreiachsigen Fräsbearbeitungen sind
längs einer Fräsbahn unterschiedlich. In Flächenbereichen mit
steiler Neigung ergeben sich enge, dem Kreisbogen ähnliche
Fräsrillenprofile. In Flächenbereichen mit geringer Neigung
verlaufen die Fräsrillenprofile flacher.

Diese wenig vorteilhafte Eigenschaft weist das Fräsrillenprofil der fünfachsigen Bearbeitung nicht auf. Es bleibt unabhängig von der Flächenneigung.

Einen weiteren, noch wesentlicheren Vorteil bietet das in
Bild 5-9 gestrichelt dargestellte fünfachsige Fräsrillenprofil durch seinen langen, flachen Verlauf über z/d. Erst in verhältnismäßig weiter Entfernung von der Mitte des Fräsrillenprofils stellt sich ein steiler Verlauf ein. Dadurch ergeben
sich für übliche Rillentiefen weitaus breitere Überdeckungen
der Sollkontur durch das Fräsrillenprofil als beim dreiachsigen
Fräsen.

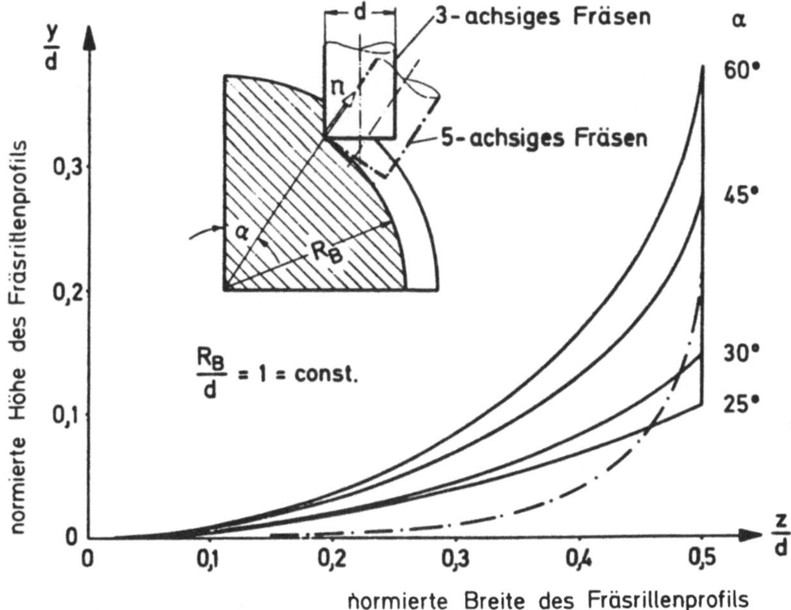

Bild 5-9: Einfluß des Bearbeitungsmodus auf das Fräsrillenprofil

5.1.2.4 Einfluß der Werkzeugstellung zur Fläche

Die Werkzeugstellung zu einer Fläche läßt sich im Berührpunkt
des Fräsers mit der Fläche durch die Lage des Fräserachsvek-
tors in der Fräserspitze zur Lage der Flächennormale im Berührpunkt definieren.

Für das dreiachsige Fräsen ist die dauernde Änderung der Werkzeugstellung zur Fläche kennzeichnend. Sie ist der Grund für
die schwierige Erfassung der Fräsrillenprofile, wenn vom Sonderfall Kugelkopffräser abgesehen wird.

Beim fünfachsigen Fräsen ist es möglich, die Werkzeugstellung
zur Fläche während der Bearbeitung konstant zu halten. Dadurch wird eine genaue analytische Erfassung der Fräsrillenprofile für verschiedene technologisch sinnvolle Werkzeugstel-
lungen zur Fläche erst möglich.

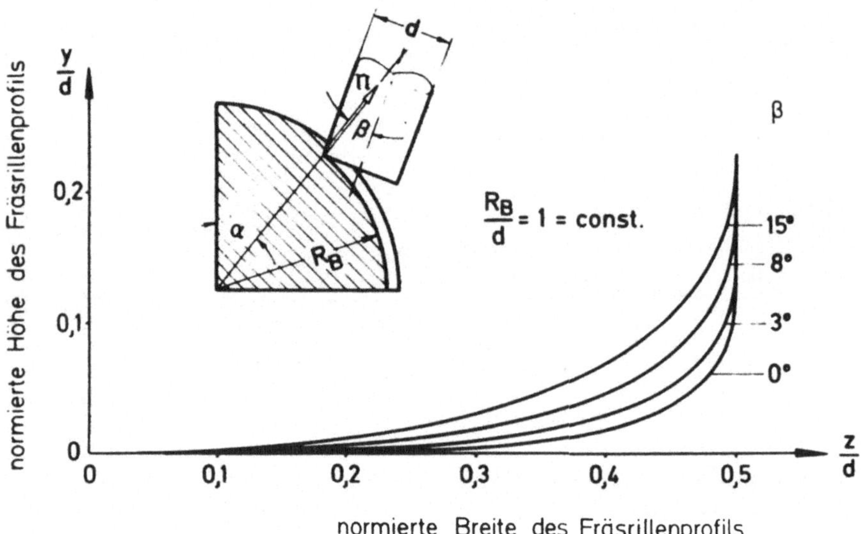

Bild 5-10: Einfluß des Voreilwinkels auf die Fräsrillengeometrie beim fünfachsigen Fräsen

In der Regel wird beim fünfachsigen Fräsen der Fräser wie in
Bild 5-10 angestellt. Das günstigste, d.h. flachste Fräsrillenprofil ergibt sich für die parallele Stellung des Fräsers zur
Flächennormale, d.h. für den Voreilwinkel β = 0. Oft
ist jedoch aus Gründen der Zerspanung und der Kollision des
Fräsers bzw. der Maschine mit dem Werkstück bzw. der Aufspann-
vorrichtung ein Voreilwinkel erforderlich. Dieser sollte jedoch möglichst klein gehalten werden, denn schon kleine Voreilwinkel verengen das Fräsrillenprofil wesentlich. Das Bild 5-11

zeigt den starken Einfluß des Voreilwinkels β auf die normierte Breite des Fräsrillenprofils z/d für die normierte Rilllentiefe r_t/d = 0,005 und für verschiedene normierte Bahnradien R_B/d.

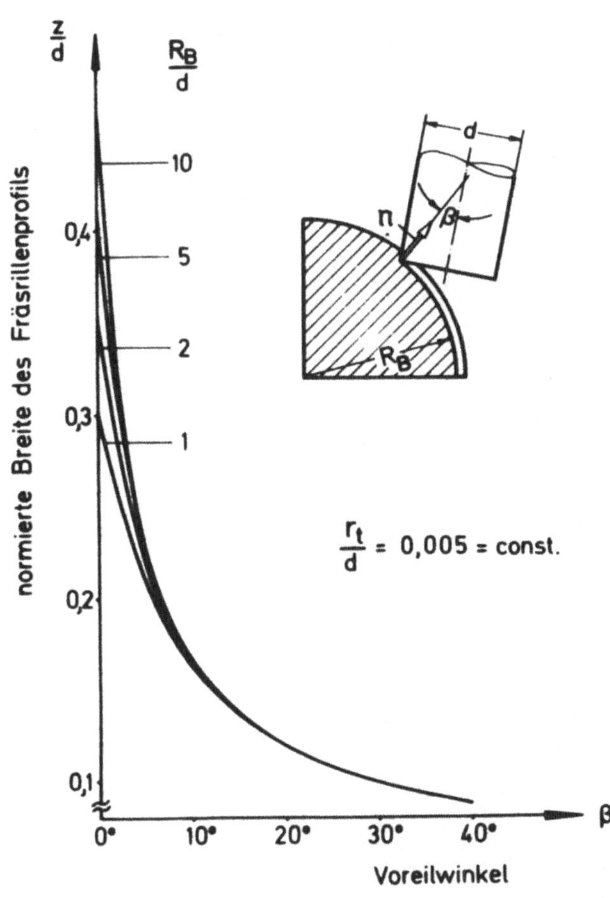

Bild 5-11:
Einfluß des Voreilwinkels auf die normierte Breite des Fräsrillenprofils

Beim fünfachsigen Fräsen konvex gekrümmter Flächen kann der Berührpunkt zwischen Werkzeug und Werkstück an der Fräserstirnfläche beliebig zwischen der Fräserachse und der vordersten Be-

randung in Fräszeilenrichtung gewählt werden. Den Einfluß der
Berührpunktlage auf die Fräsrillenform und auf die Überdeckung
für eine bestimmte Rillentiefe zeigt Bild 5-12.

Mit abnehmendem Abstand des Berührpunktes nimmt die Abweichung
von der Sollkontur in der Mitte des Fräsrillenprofils und die
Überdeckung für eine vorgegebene Rillentiefe r_t zu. Im Bild
5-12 sind die Überdeckungen gestrichelt markiert. Die größte
Überdeckung für eine Rillentiefe r_t ergibt sich, wenn die Abweichung in der Istprofilmitte gleich r_t ist. Dann ist der Be-
rührpunktabstand $a_{opt} \cdot d/2$.

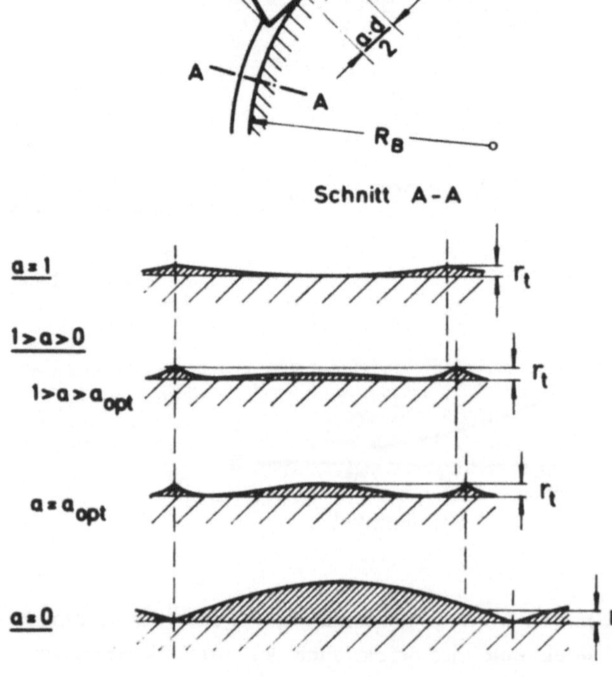

Bild 5-12:
Einfluß der
Werkzeugstel-
lung zur
Flächennormale
auf das Fräs-
rillenprofil

5.1.2.5 Einfluß der Bewegungsrichtung des Werkzeugs

Ein Fräser kann sich von einem Flächenpunkt P ausgehend in
verschiedene Richtungen bewegen. Die Schnitte der entsprechenden durch die Fräserachse erzeugten Bahnebenen mit der Fläche
ergeben ebene Kurven mit unterschiedlichen Krümmungsradien im
Punkt P. Der Einfluß unterschiedlicher Krümmungsradien auf
das Fräsrillenprofil wurde bereits in 5.1.2.2 aufgezeigt. Fol-
gendes Beispiel verdeutlicht eindrucksvoll den Einfluß der
Fräserbewegungsrichtung auf die Fräsrillenform:

Bei der fünfachsigen Fräsbearbeitung eines konvexen Zylinders
quer zur Zylinderachse ergeben sich konkav gekrümmte Fräsrillenprofile, wie sie das Bild 5-4 darstellt. Bei der entsprechenden Bearbeitung parallel zur Zylinderachse entsteht als
Fräsrillenprofil eine Gerade.

5.1.3 Bestätigung der theoretisch ermittelten mathe-matischen Beschreibungen der Fräsrillenprofile durch Fräsversuche

Wie bereits erläutert, wurden die analytischen Beschreibungen
der Fräsrillenprofile für verschiedene Fräsbearbeitungen einer
Viertelzylinderfläche theoretisch ermittelt. Im folgenden sollen ihre Zuverlässigkeit bzw. Brauchbarkeit durch geeignete
Fräsbearbeitungen nachgewiesen werden.

5.1.3.1 Auswahl geeigneter Fräsbearbeitungen

Beschränkt man sich bei der Fräsbearbeitung von Zylinderflä-
chen auf die Verwendung von zylindrischem Schaftfräser und
Kugelkopffräser, so ergeben sich die in Bild 5-13 aufgezeigten
Erzeugungsmöglichkeiten. Der Übersicht wegen sind sie durch
leicht verständliche Kurzbezeichnungen verschlüsselt darge-

stellt.

Werkzeug- und Flächenform / Bearbeitungsmodus		3D - Bearbeitung		5D - Bearbeitung	
		quer	parallel	quer	parallel
Schaftfräser	KONVEXE Zylinderfläche	X(3D,Q,S)	X(3D,P,S)	X(5D,Q,S) X(5D,Q,S)a	X(5D,P,S)
Kugelkopffräser		X(3D,Q,K)	X(3D,P,K)	X(5D,Q,K)	X(5D,P,K)
Schaftfräser	KONKAVE Zylinderfläche	V(3D,Q,S)	V(3D,P,S)	V(5D,Q,S)	V(5D,P,S)
Kugelkopffräser		V(3D,Q,K)	V(3D,P,K)	V(5D,Q,K)	V(5D,P,K)

Bild 5-13: Mögliche Fräsbearbeitungen einer konvexen und konkaven Zylinderfläche

Die verwendeten Kurzbezeichnungen bedeuten:

X	...	konvexe Zylinderfläche
V	...	konkave Zylinderfläche
3D	...	dreiachsige Fräsbearbeitung
5D	...	fünfachsige Fräsbearbeitung
Q	...	Bearbeitung quer zur Zylinderachse (Querbearbeitung)
P	...	Bearbeitung parallel zur Zylinderachse (Parallelbearbeitung)
S	...	zylindrischer Schaftfräser
K	...	Kugelkopffräser
a	...	Berührpunkt des Schaftfräsers mit dem Werkstück auf der Fräserstirnfläche (siehe Bild 5-12)

Nur die durch Schraffur markierten Fräsbearbeitungen sollen
durchgeführt werden. Die Bearbeitungsmöglichkeiten X(3D,Q,K)
und X(5D,Q,K) haben als Ergebnis dieselbe Makrogeometrie.
Außerdem wurde diese Fräsrillengeometrie schon von Schwegler
/49/ untersucht. Die Fräsbearbeitung X(5D,P,K) ist aus gleichem Grund nicht von Interesse. Für die entsprechenden Bearbeitungsmöglichkeiten am konkaven Zylinder trifft dasselbe zu.
Wegen der zu erwartenden extrem ungünstigen Makrogeometrie
wird auch auf die Darstellung des Falls V(3D,P,S) verzichtet.
Er entspricht ohnehin qualitativ dem Fall X(3D,P,S).

5.1.3.2 Entwurf, Fertigung und Auswertung der Testwerkstücke

Die Fräsversuche werden auf einer konvexen und konkaven Viertelzylinderfläche innerhalb sinnvoll angeordneter Teilbereiche
durchgeführt. Bild 5-14 zeigt die gewählten Werkstücke mit
den für die verschiedenen Bearbeitungen aufgeteilten Zylinder-
flächen. Die Abmessungen der Teilflächen sind jeweils für die
Querbearbeitung und Parallelbearbeitung des konvexen und konkaven Zylinders etwa gleich groß gewählt. Damit lassen sich
nach der Fräsbearbeitung die verschiedenen Bearbeitungsmöglichkeiten hinsichtlich ihrer Fräsbahnenanzahl, Überdeckung und
auch der Bearbeitungszeit bei einer vorgegebenen Rillentiefe
sehr einfach vergleichen.

Die Zahl der Fräsbahnen und die Überdeckungen in den Tabellen
des Bildes 5-14 sind mit Hilfe der theoretisch ermittelten analytischen Fräsrillenprofilbeschreibungen für eine konstante
Fräsrillentiefe r_t = 0,15 mm errechnet. Diese Werte sind die
Voraussetzung für eine rechnerunterstützte Erstellung der für
die NC-Fräsbearbeitung notwendigen Steuerlochstreifen.

Das Bild 5-15 zeigt den fertig bearbeiteten konvexen Aluminium-
Viertelzylinder. Links im Bild ist die Makrogeometrie zu sehen,
die durch Parallelbearbeitungen entstand. Es ist zu erkennen,

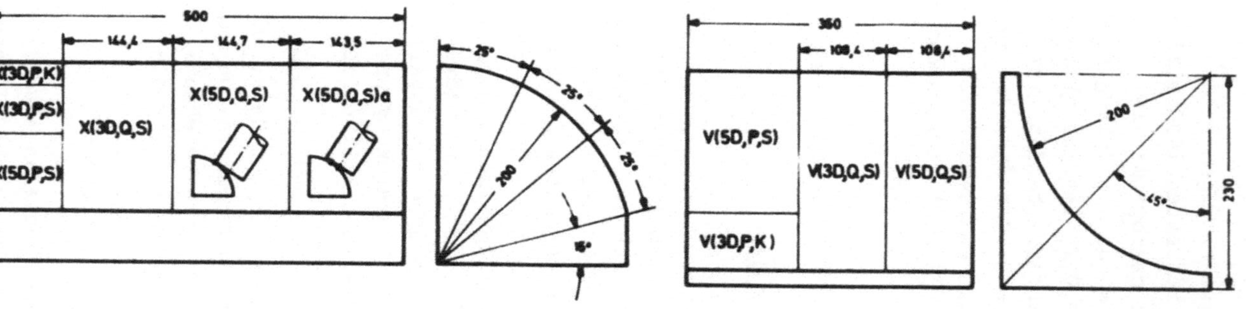

Bearbeitungs- möglichkeit	Fräsbahnen- anzahl N	Überdeckung l mm	Rillentiefe r_t mm
X(3D,P,K)	17	5,15	
X(3D,P,S)	291	0,3	
X(5D,P,S)	6	15,49	0,15
X(3D,Q,S)	26	5,55	
X(5D,Q,S)	4	36,19	
X(5D,Q,S)a	3	47,85	

Bearbeitungs- möglichkeit	Fräsbahnen- anzahl N	Überdeckung l mm	Rillentiefe r_t mm
V(5D,P,S)	5	36,37	
V(3D,P,K)	26	5,85	0,15
V(3D,Q,S)	20	5,47	
V(5D,Q,S)	7	15,49	

Bild 5-14: Fräsbearbeitungen an einer konvexen und konkaven Zylinderfläche

daß die Fräsrillen der X(5D,P,S)-Bearbeitung die größte Überdeckung haben. Dagegen ist die Überdeckung der nach X(3D,P,S)
erzeugten Fräsrillen so klein, daß die Fräsrille im Bild kaum
zu erkennen ist. Eigentlich wären zur Bearbeitung der Teil-
fläche 291 Fräsbahnen (Bild 5-14, linke Tabelle) notwendig gewesen. Doch beschränkte man sich zur Demonstration dieser wenig sinnvollen Bearbeitungsart auf nur 40 Bahnen.

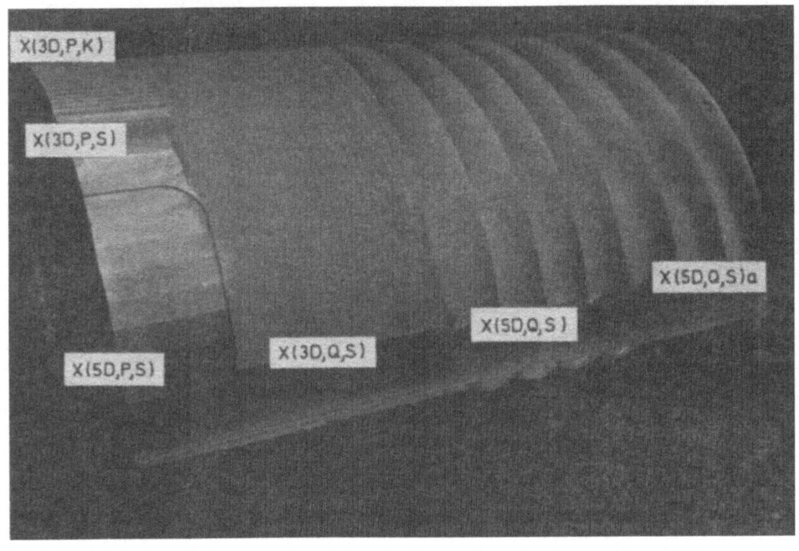

Bild 5-15: Verschiedene Fräsbearbeitungen auf einer konvexen
Zylinderfläche

Die Überdeckung bei fünfachsiger Fräsbearbeitung ist dreimal
größer als die der dreiachsigen X(3D,P,K)-Fräsbearbeitung.
Die Bearbeitungszeiten verhalten sich umgekehrt proportional.

Die rechts im Bild 5-15 zu sehenden Teilflächen wurden mittels eines Schaftfräsers quer zur Zylinderachse dreiachsig
und fünfachsig bearbeitet. Ein Vergleich der Fräsrillen fällt

hier noch mehr zugunsten des fünfachsigen Fräsens aus. Die
größte erreichte Überdeckung durch fünfachsige Bearbeitung
ist fast neunmal größer als die entsprechende dreiachsige.

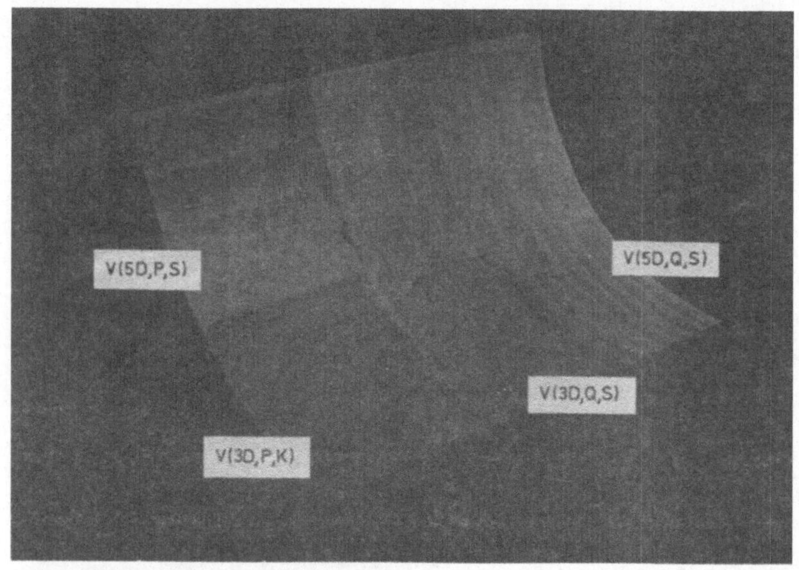

<u>Bild 5-16</u>: Verschiedene Fräsbearbeitungen auf einer konkaven
Zylinderfläche

Bild 5-16 zeigt den gefrästen konkaven Viertelzylinder aus
Aluminiumguß. Die links angeordneten Teilflächen sind wieder
durch zur Zylinderachse parallel angelegte Fräsbahnen bearbeitet. Im Gegensatz zum konvexen Zylinder lassen sich durch die
Parallelbearbeitung bessere Überdeckungen als bei der Querbearbeitung erzielen (Bild 5-14, rechte Tabelle). Das Verhältnis
der dreiachsigen zur fünfachsigen Fräsbearbeitung ist für die
Parallelbearbeitung 1:6 und für die Querbearbeitung 1:3.

Beide Testwerkstücke demonstrieren in sehr eindrucksvoller
Weise den Vorteil, den das fünfachsige Fräsen durch die bessere

Anpassung des Fräsers an die Werkstückgeometrie bietet.

Durch Messungen der Rillentiefen und Überdeckungen an den gefrästen Flächen konnten die mit den mathematischen Beschreibungen der Fräsrillenprofile ermittelten Werte (Bild 5-14,
Tabellenwerte) in allen Fällen praktisch bestätigt werden.

5.2 Berechnung der Fräsbahnenabstände

Bei der fünfachsigen Fräsbearbeitung gekrümmter Flächen entstehen günstige, flache Fräsrillenformen.

Im vorigen Abschnitt wurde dieser Vorteil an einer bearbeiteten Zylinderfläche im Vergleich zum dreiachsigen Fräsen praktisch gezeigt. Für das fünfachsige Fräsen ergaben sich bei derselben Rillentiefe mehrfach breitere Fräsbahnen, weniger Fräsbahnen und damit kürzere Bearbeitungszeiten für das gleiche
Flächenstück. Außerdem wurde deutlich, daß sich viele Flächen
durch das fünfachsige Fräsen mit wenig Fräsbahnen feinschlich-
ten, d.h. fertigbearbeiten lassen (siehe auch 5.2.6).

Diese Vorteile des fünfachsigen Fräsens können vom Programmierer nur voll genutzt werden, wenn es ihm möglich ist, die
Fräsbahnabstände ausreichend genau zu berechnen. Keines der
in 3. besprochenen Programmiersysteme ermöglicht diese Berechnungen.

Die Problemstellung lautet daher: Ausgehend von einer Fräsbahn muß die Lage der danebenliegenden, etwa parallel ver-
laufenden Fräsbahn ermittelt werden können. Als Kriterium
dient die Fräsrillentiefe. Das zu entwickelnde Rechenverfahren soll schnell und funktionssicher sein.

Ausgangspunkt dieser Berechnungen sind die analytischen Beschreibungen zweier nebeneinander in einer Ebene liegender
Fräsrillenprofile. In Bild 5-17 sind sie mit φ_i und φ_{i+1}

bezeichnet. Da in dem betrachteten Bereich davon ausgegangen
werden kann, daß die Fräsbahnen parallel verlaufen, liegen die
Fräsrillenprofile φ_i und φ_{i+1} in einer gemeinsamen, der in
Bild 5-17 dargestellten Normalprofilschnittebene.

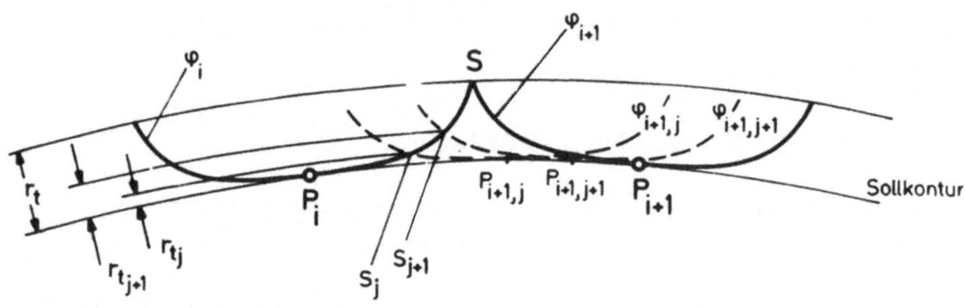

Bild 5-17: Iterative Berechnung des Fräsbahnabstandes
(in Abhängigkeit von r_t)

Die Fräsrillenprofile φ_i und φ_{i+1} werden unter anderem vom
Fräser bzw. von dessen Hüllkörper beeinflußt (Bild 5-3). Die
wichtigsten Hüllkörper sind die des zylindrischen Schaftfräsers und der Gesenkfräser mit gerader und runder Stirn
(Bild 5-5 und Bild 5-6).

Die Hüllkörper des Kugelkopffräsers und des zylindrischen
Schaftfräsers sind spezielle Hüllkörperformen des Gesenkfräsers mit gerader Stirn bzw. aller Schaftfräser mit Eckenradien. Daher wäre es sinnvoll, ausgehend von den Fräsrillenprofilen des Schaftfräsers mit Eckenradius, die Fräszeilenabstandsberechnung durchzuführen. Die Fräsrillenprofile des
Kugelkopffräsers, des Gesenkfräsers mit gerader Stirn und des
zylindrischen Schaftfräsers ergeben sich für die Eckenradien
$\rho = 0,5\ d$ bzw. $\rho = 0,08\ d$ bzw. $\rho = 0$.

Das Fräsrillenprofil für den Schaftfräser mit beliebigem Eckenradius läßt sich jedoch nicht analytisch geschlossen beschreiben.

Der Hüllkörper eines Schaftfräsers mit Eckenradius setzt sich
im wesentlichen aus zwei geometrischen Körpern zusammen, Zylinder und Torussegment. Bei den in der Praxis vorkommenden Rillentiefen trägt allein das Torussegment zur Profilbildung bei.
Die mathematische Formulierung des durch den Torus erzeugten
Fräsrillenprofils ist kompliziert. Zunächst ist sie durch ein
nichtlineares Gleichungssystem gegeben. Mit Hilfe eines zuverlässigen Iterationsverfahrens /51/ kann das Profil punktweise
errechnet werden.

Diese Methode ist mit Sicherheit nur für genaue Untersuchungen
und zum Auffinden einer näherungsweisen, für die Fräszeilenabstandsberechnung geeigneten mathematischen Formulierung
sinnvoll. Für die Entwicklung eines Rechenverfahrens zur Fräszeilenabstandsberechnung, das schnell und zuverlässig arbeitet, ist unbedingt eine einfache mathematische Beschreibung
des Fräsrillenprofils erforderlich. Da nach Bild 5-7 das Fräsrillenprofil des Gesenkfräsers mit gerader Stirn sehr nahe
derjenigen des zylindrischen Schaftfräsers liegt, bietet sich
das Fräsrillenprofil für den zylindrischen Schaftfräser auch
für den Fall: Gesenkfräser mit gerader Stirn zur Fräszeilenabstandsberechnung an.

Die analytische Beschreibung des Fräsrillenprofils für den
Fall: zylindrischer Schaftfräser und konvexe bzw. konkave Fläche lautet (siehe auch Bild 5-4):

$$z^2 + \left(-R_B \cdot \sin\beta + \sqrt{R_B^2 \cdot \sin^2\beta + y(y + 2R_B)}\; -\frac{d}{2}\right)^2 - \left(\frac{d}{2}\right)^2 = 0 \qquad (5/1)$$

(konvexe Fläche)

$$z^2 + \left(R_B \cdot \sin\beta - \sqrt{R_B^2 \cdot \sin^2\beta + y(y - 2R_B)}\; -\frac{d}{2}\right)^2 - \left(\frac{d}{2}\right)^2 = 0 \qquad (5/2)$$

(konkave Fläche)

Die Lage des yz-Koordinatensystems ist aus Bild 5-4 zu entnehmen.

Die Fräsrillenbeschreibungen gelten unter der Annahme, daß sich die Achse des erzeugenden Fräsers in der Bahnebene bewegt. Die Bahnebene ist durch den Normalenvektor n und die Richtung des Fräsrillenverlaufs in Punkt P definiert (Bild 5-2).

Für $\beta = 90^\circ$ sind die Gleichungen (5/1) und (5/2) Kreisgleichungen. Die Beschreibungen der Fräsrillenprofile des Kugelkopffräsers sind daher implizit in den beiden Gleichungen enthalten. Wird also das zu erzeugende Rechenverfahren zur Berechnung der Fräszeilenabstände ausgehend von den Gleichungen (5/1) und (5/2) entwickelt, können sowohl die Abstände der durch den zylindrischen Schaftfräser erzeugten Fräsrillen als auch die Abstände der durch den Kugelkopffräser erzeugten Fräsrillen ermittelt werden.

5.2.1 <u>Vergleich der Fräsrillenprofile des zylindrischen Schaftfräsers mit und ohne Eckenradius</u>

Die allgemeine analytische Beschreibung des Fräsrillenprofils für den zylindrischen Schaftfräser ohne Eckenradius ist:

$$z_{SCHAFT} = f(y, d, R_B, \beta)$$

und für den zylindrischen Schaftfräser mit Eckenradius:

$$z_{EXAKT} = f(y, d, R_B, \rho, \beta)$$

Die Funktionen wurden bereits für die Untersuchungen in 5.1.2.1 programmiert. Mit Hilfe dieser Rechenprogramme lassen sich die Differenzen zwischen beiden Fräsrillenprofilen in Abhängigkeit der wichtigsten Einflußgrößen berechnen und dar-

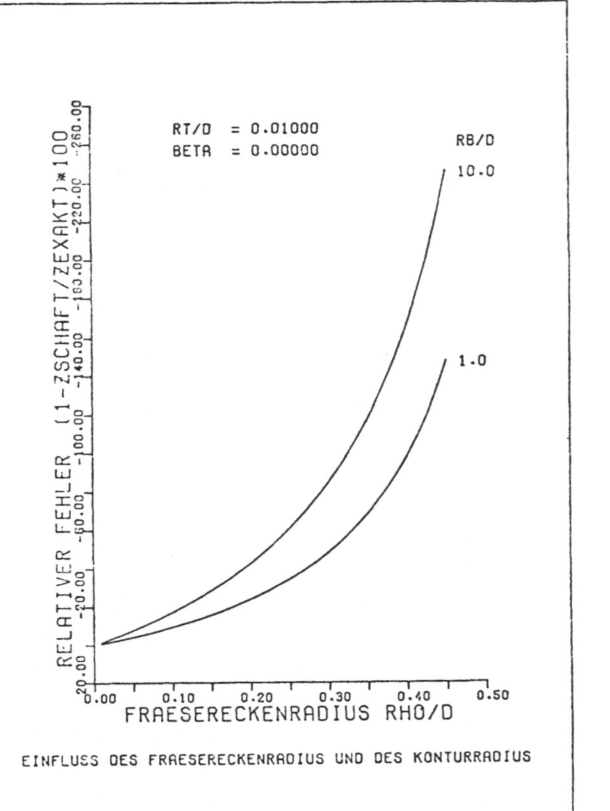

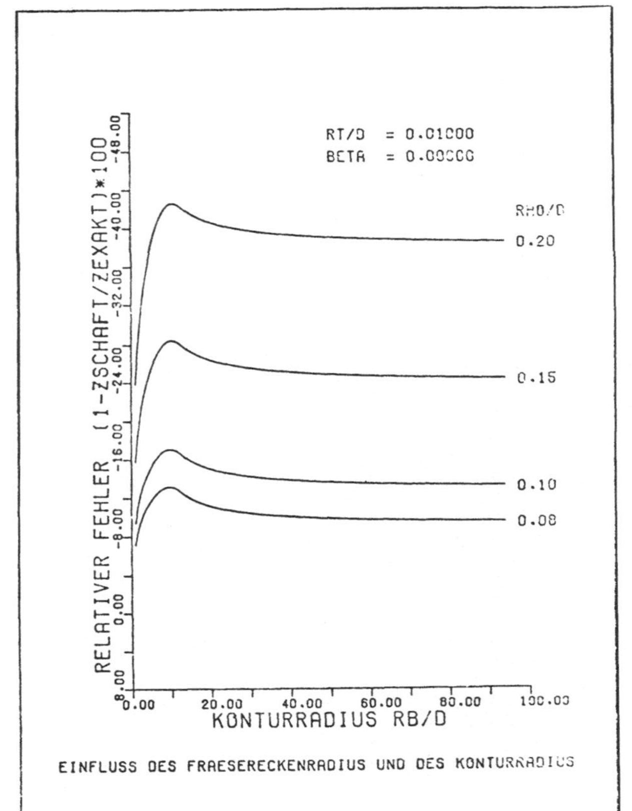

<u>Bild 5-18:</u> Relativer Fehler $(1 - z_{SCHAFT}/z_{EXAKT}) \cdot 100$ in Abhängigkeit des nor-
mierten Fräsereckenradius ρ/d und des normierten Konturradius R_B/d

stellen.

Die Bilder 5-18 und 5-19 zeigen die Differenzen für konvexe Flächen in Plotterbildern. Dargestellt sind die relativen Fehler in Prozent in Abhängigkeit der verschiedenen Einflußgrößen: Rillentiefe r_t, Bahnradius R_B, Eckenradius ρ und Voreilwinkel β.

Der entstehende Fehler ist immer negativ, das heißt, das Fräsrillenprofil des Schaftfräsers mit Eckenradius verläuft enger als das des Schaftfräsers ohne Eckenradius. Dies ist sehr nachteilig, denn es bedeutet für eine Fräszeilenabstandsberechnung aufgrund des Rillenprofils des Schaftfräsers ohne Eckenradius und einer anschließenden Fräsbearbeitung mit einem Schaftfräser mit Eckenradius viel größere Rillentiefen als gewünscht, und zwar sind sie überproportional größer als die berechneten relativen Fehler. Daher ist es nicht möglich, die Ergebnisse der Abstandsberechnung für den Fall: Schaftfräser mit Eckenradius ohne eine Korrektur zu übernehmen.

Das Diagramm links im Bild 5-18 zeigt die Fehlerverläufe in Abhängigkeit des Eckenradius ρ . Der große und recht unterschiedliche Einfluß von ρ auf den Fehler wird sehr deutlich. Die Fehlerkurve verläuft zunächst flach, wird aber mit wachsendem Eckenradius schnell steiler. Schon im **interessierenden Bereich** ($0{,}08\ d \leqq \rho \leqq 0{,}2\ d$) ist der Fehler sehr unterschiedlich (z.B. $-7\% \leqq F_{rel} \leqq -23\%$ für $R_B/d = 1$). **Eine konstante Korrektur der** Fräszeilenabstandsberechnung für diesen Bereich ist daher nicht anzustreben, es sei denn, daß nur der Gesenkfräser nach DIN 1889 mit dem Eckenradius $\rho = 0{,}08\ d$ zum Einsatz kommt.

Den Einfluß des Bahnradius R_B auf den Fehler zeigt für verschiedene Eckenradien im interessierenden Bereich **das Diagramm** rechts in Bild 5-18. Für kleine Bahnradien: $R_B/d \leqq 10$ ist der Fehler stark von R_B abhängig, dagegen für große Bahnradien nur wenig. Der Kurvenverlauf weist für $R_B/d \approx 10$ ein **ausge-**prägtes Maximum auf.

Die in Bild 5-19 dargestellten Ergebnisse sind hinsichtlich

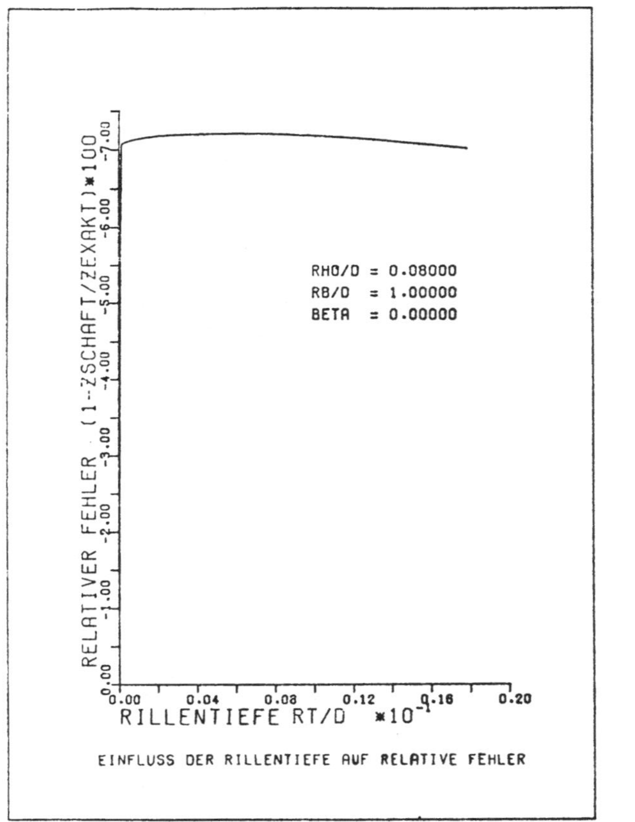

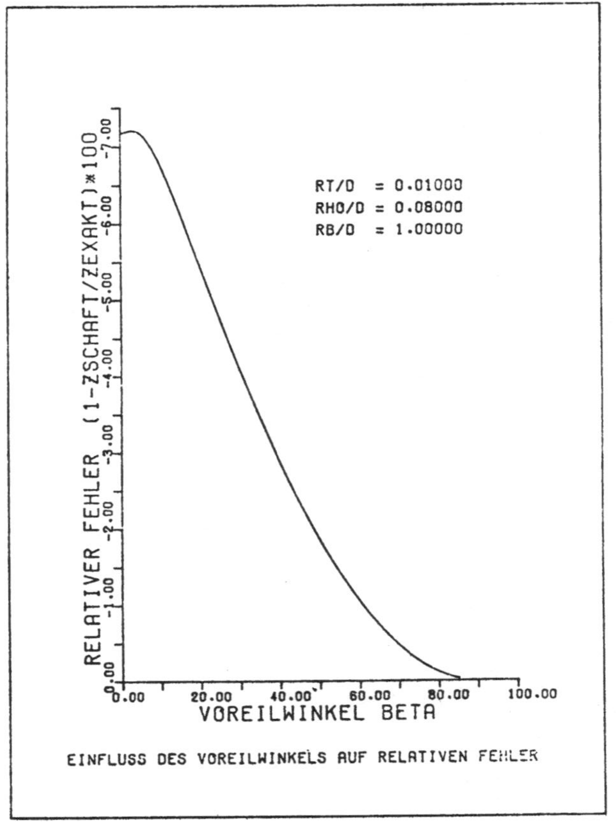

Bild 5-19: Relativer Fehler $(1 - z_{SCHAFT}/z_{EXAKT}) \cdot 100$ in Abhängigkeit der normierten Rillentiefe r_t/d und des Voreilwinkels β

einer einfachen,zu entwickelnden Korrekturformel vorteilhafter.
Der Einfluß der Rillentiefe auf den relativen Fehler ist im Bereich: $0{,}0001 \leqq r_t/d \leqq 0{,}018$ nahezu konstant, und der zunehmen-
de Voreilwinkel β läßt den relativen Fehler immer kleiner werden. Beide Größen können deshalb, besonders unter der Annahme,
daß in der Praxis der Voreilwinkel β nicht allzu groß ist, in
einer einfachen Korrekturformel unberücksichtigt bleiben.

Die Diagramme der Bilder 5-18 und 5-19 machen deutlich, daß in
einer zu entwickelnden Korrekturformel auf jeden Fall der
Eckenradius ρ , aber auch der Bahnradius R_B zu berücksichtigen
sind.

Die einfachste Formel, die sichere Korrekturen errechnet, ergibt sich durch die Approximation der oberen parabelförmigen
Kurve $F_{rel} = f\,(\,\rho/d)$ im Bereich: $0{,}08\,d \leqq \rho \leqq 0{,}2\,d$ (Bild
5-18, links).

Die Formel lautet:

$$F_{rel} = -404\left(\frac{\rho}{d}\right)^2 - 132\left(\frac{\rho}{d}\right) \qquad \text{für } R_B/d = 10 \qquad (5/3)$$

Mit F_{rel} kann innerhalb der in 5.2.3 beschriebenen Fräszeilenabstandsberechnung so korrigiert werden, daß der errechnete
Fräszeilenabstand für den Fall: Schaftfräser mit Eckenradius
mit guter Näherung gilt.

Für konkave Flächen ergeben sich ebenfalls negative Fehler.
Sie sind jedoch viel kleiner, in manchem Bereich sogar fast
Null. Zur Berechnung des relativen Fehlers für konkave Flächen
konnte eine der Gleichung (5/3) ähnliche Formel entwickelt
werden.

5.2.2 Iterative Berechnung der Fräsbahnenabstände

Ziel der Abstandsberechnung ist es, zunächst ausgehend vom
Punkt P_i die Lage des Punktes P_{i+1} in der Normalprofilschnittebene zu bestimmen (Bild 5-17). Exakt läßt sich diese nur auf
iterativem Wege gewinnen. Die Gründe dafür sind:

- Die Sollkontur kann nicht analytisch geschlossen beschrieben werden. Sie ist als die Schnittkurve der Nor-
  malschnittebene mit der gekrümmten Fläche definiert und
  nur auf iterativem Wege punktweise beliebig dicht bere-
  chenbar.

- Für die im Abstand r_t parallel zur Sollkontur verlau-
  fende Kurve gilt dasselbe.
  Es gilt:

$$R_{Bi} \neq R_{Bi+1}$$
$$R_{Ni} \neq R_{Ni+1}$$
$$\beta_i \neq \beta_{i+1}$$

R_N ist der Sollkonturradius in der Normalprofilschnittebene

Daher sind die Fräsrillenprofile in P_i und P_{i+1} nicht identisch.

Aus Bild 5-17 wird die Arbeitsweise des iterativen Rechenverfahrens deutlich.

Der Ausgangspunkt für einen Iterationsschritt ist $P_{i+1,1(j=1)}$.
In ihm werden R_{Bi} und β_i ermittelt. Diese Größen bestimmen
die Fräsrillenprofilform in $P_{i+1,1}$. Als nächstes sind der
Schnittpunkt S_1 und sein Abstand r_{t1} von der Sollkontur zu bestimmen. Beide Rechenschritte sind ebenfalls jeweils nur

iterativ lösbar. Der Rechengang wird so oft wiederholt, bis r_{tj} innerhalb einer vorgegebenen Toleranz gleich der gewünschten Rillentiefe r_t ist.

Der Forderung nach einem funktionssicheren und schnellen Rechenprogramm läßt sich durch dieses Rechenverfahren, das drei Iterationsverfahren benötigt, kaum nachkommen.

5.2.3 Direkte Berechnung der Fräsbahnenabstände

Durch sinnvolle Vereinfachungen wird es möglich, ein direktes Rechenverfahren zu entwickeln. Damit ist gemeint, daß ausgehend von Punkt P_i der Punkt P_{i+1} direkt, also ohne Iterationsverfahren berechnet werden kann. Die Vereinfachungen sind:

- Die Sollkontur und die um r_t versetzte parallele Kurve wird durch einen Kreisbogen mit dem Radius R_N bzw. $(R_N + r_t)$ angenähert.
- Der Bahnradius R_{Bi+1} und der Voreilwinkel β_{i+1} wird nach der lokalen Flächenform im Punkt P_i errechnet. Es gilt:

$$R_{B,i+1} = R_{B,i} \quad \text{und}$$
$$\beta_{i+1} = \beta_i$$

Zur Berechnung von P_{i+1} ist die lokale Flächenform zu berücksichtigen. Es sind vier Flächenformen: FALL 1, FALL 2, FALL 3 und FALL 4 (Bild 5-20) zu unterscheiden. Im folgenden werden die Rechenschritte der direkten Berechnung am Beispiel der Flächenform: FALL 1 erläutert (Bild 5-21).

Zunächst wird der Punkt S_i im $\bar{\xi}\bar{\eta}$-Koordinatensystem ermittelt. Er ergibt sich als Schnittpunkt des Fräsrillenprofils φ_{i+1} mit dem im Abstand r_t zur Sollkontur parallelen Kreisbogen K_{2i}.

	Flächenform	Werkstückradius in der	
		Bahnrichtung R_B	Normalprofil-schnittebene $\bar{R}_N$
FALL 1		konvex	konvex
FALL 2		konkav	konkav
FALL 3		konkav	konvex
FALL 4		konvex'	konkav

<u>Bild 5-20</u>:
Lokale Flächenformen

Die Gleichung des zur Sollkontur parallelen Kreises K_{2i} lautet:

$$\bar{\xi}^2 + (\bar{\eta} + R_N)^2 - (R_N + r_t)^2 = 0 \qquad (5/4)$$

die des Fräsrillenprofils φ_{i+1}:

$$\bar{\xi}^2 + \left(-R_{Bi}\sin\beta_i + \sqrt{R_{Bi}^2\sin^2\beta_i + \bar{\eta}(\bar{\eta} + 2R_{Bi})} - \frac{d}{2}\right)^2 - \left(\frac{d}{2}\right)^2 = 0 \qquad (5/5)$$

Trotz der nichtlinearen Gleichungen läßt sich eine direkte Berechnung der Schnittpunktkoordinaten $\bar{\xi}_{Si}$ und $\bar{\eta}_{Si}$ angeben:

$$\bar{\eta}_{Si} = -\frac{R_{Bi}-C_{19}}{1-C_{15}} - \sqrt{\frac{C_{11}}{1-C_{15}} + \left(\frac{R_{Bi}-C_{19}}{1-C_{15}}\right)^2}$$

$$\bar{\xi}_{Si} = \sqrt{r_t^2 - \bar{\eta}_{Si}^2 + 2R_N(r_t - \bar{\eta}_{Si})} \qquad (5/6)$$

Es ist:

$$C_{19} = (C_9 + \frac{C_8}{C_3})\frac{C_0}{C_3}$$

$$C_{15} = (\frac{C_0}{C_3})^2$$

$$C_{11} = (\frac{C_8}{C_3})^2 + 2 \cdot C_9 \cdot \frac{C_8}{C_3}$$

$$C_9 = R_{Bi} \cdot \sin\beta_i$$

$$C_8 = r_t (\frac{r_t}{2} + R_N)$$

$$C_3 = C_9 + \frac{d}{2}$$

$$C_0 = R_B - R_N$$

Liegt der Fall: Schaftfräser mit Eckenradius vor, so muß der nach Gleichung (5/6) errechnete $\bar{\xi}_{Si}$-Wert korrigiert werden. Der korrigierte Wert ist

$$\bar{\xi}_{Si}^* = (1 + \frac{F_{rel}}{100}) \cdot \bar{\xi}_{Si} \qquad (5/7)$$

F_{rel} läßt sich für den FALL 1 nach Gleichung (5/3) errechnen.

Setzt man sie in Gleichung (5/7) ein, so ergibt sich die Korrekturformel für $\overline{\xi}_{Si}$

$$\overline{\xi}_{Si}^{\ast} = -\left(4{,}04\left(\tfrac{\rho}{d}\right)^2 + 1{,}32\left(\tfrac{\rho}{d}\right) - 1\right) \cdot \overline{\xi}_{Si}$$

Aufgrund der Koordinaten ($\overline{\xi}_{Si}$,η_{Si}) bzw. ($\overline{\xi}_{Si}^{\ast}$,η_{Si}) des Schnittpunktes S_i und der aus der vorhergehenden Fräsbahnenabstandsberechnung noch bekannten Überdeckung l_i läßt sich die Steigung m_{i+1} der Geraden g_{i+1} im ξ,η-Koordinatensystem bestimmen.

Der Winkel α_i ergibt sich aus der vorhergehenden Überdeckung l_i und dem Radius R_N der Sollkontur K_{1i} nach der Gleichung

$$\alpha_i = \frac{l_i}{2 \cdot R_N}$$

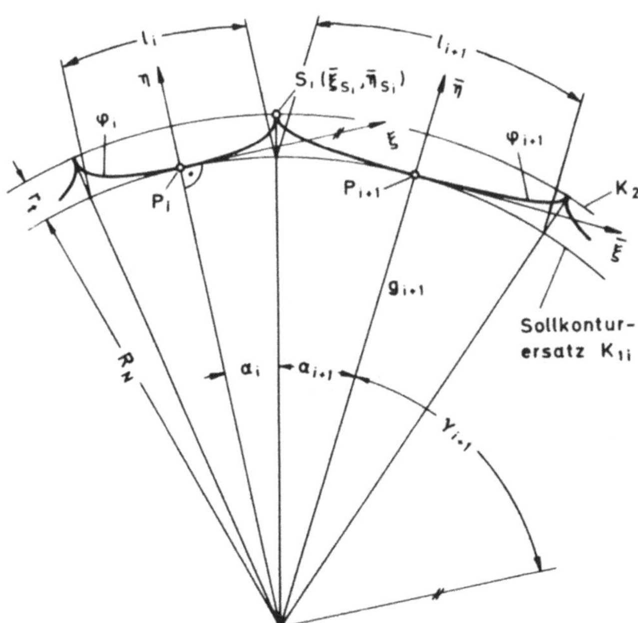

Bild 5-21: Direkte Berechnung des Fräsbahnenabstands in Abhängigkeit von r_t

und der Winkel α_{i+1} aus den Koordinaten des Schnittpunktes S_i und dem Radius R_N nach der Gleichung

$$\alpha_{i+1} = \frac{\pi}{180°}\cdot\arctan\left(\frac{\bar{\xi}_{Si}}{\bar{\eta}_{Si} + R_N}\right) \qquad (5/8)$$

Die Steigung m_{i+1} der Geraden g_{i+1} im ξ,η-System schließlich ist

$$m_{i+1} = \tan\gamma_{i+1}$$

wobei $\quad \gamma_{i+1} = \dfrac{\pi}{2} - \alpha_i - \alpha_{i+1} \qquad$ für $i > 1$ (allgemeiner Fall)

und $\quad \gamma_{i+1} = \dfrac{\pi}{2} - 2\alpha_{i+1} \qquad$ für $i = 1$ (spezieller Fall)

Der Schnitt der Geraden g_{i+1} mit dem Kreisbogen K_{1i} ergibt die Koordinaten des gesuchten Punktes P_{i+1}.

Die Gleichung der Geraden g_{i+1} ist:

$$\eta = m_{i+1}\,\xi - R_N$$

und die Gleichung der Sollkontur K_{1i}:

$$\xi^2 + (\eta + R_N)^2 - R_N^2 = 0$$

Die Koordinaten des Schnittpunktes der Geraden mit dem Kreisbogen lauten:

$$\eta_{i+1} = -R_N\left(1 + \frac{m_{i+1}}{\sqrt{1 + m_{i+1}^2}}\right)$$

$$\xi_{i+1} = \frac{\eta_{i+1} + R_N}{m_{i+1}}$$

5.2.4 Optimale Überdeckung

Bisher blieb unerwähnt, daß sich durch die Gleichungen φ_i und φ_{i+1} nur der untere Profilbereich beschreiben läßt (Bild 5-22, oben). Für $\eta > \eta_{krit}$, also für den oberen Profilbereich, gilt die analytische Fräsrillenbeschreibung $\xi = d/2$.

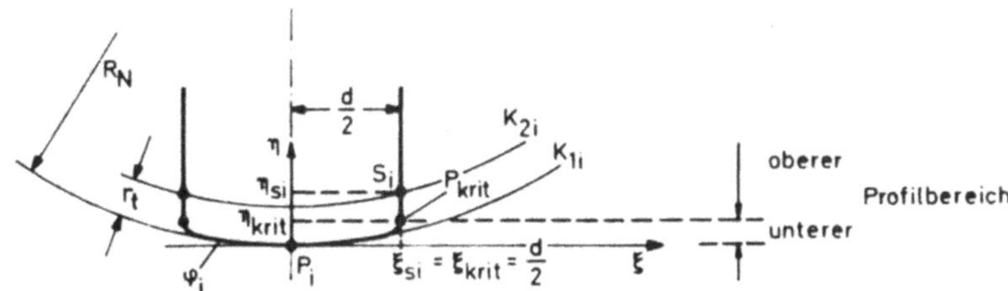

Die bei optimaler Überdeckung entstehenden Fräsrillenprofile :

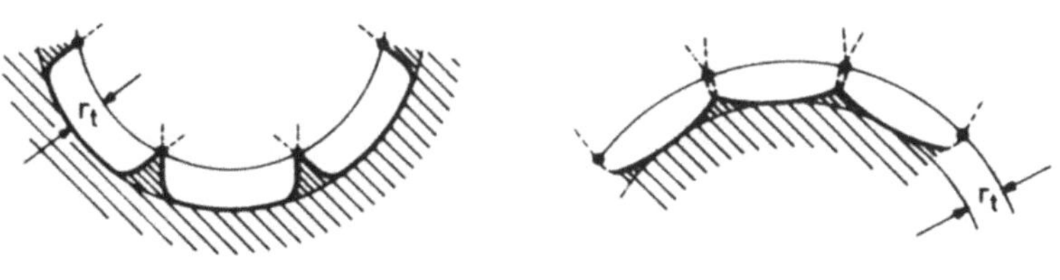

konkaver Flächenradius   konvexer Flächenradius

<u>Bild 5-22</u>: Optimale Überdeckung $(\eta_s > \eta_{krit})$

In praktischen Fällen, insbesondere bei großen Rillentiefen und konkaven Flächen (Bild 5-22, oben), kann der Kreisbogen K_{2i} im oberen Profilbereich zum Schnitt kommen. Dies ist nicht unerwünscht, denn es bedeutet optimale Überdeckung, das heißt größtmöglicher Fräsbahnenabstand.

Vor jeder Berechnung von S_i wird daher zuerst geprüft, ob optimale Überdeckung vorliegt. Das geschieht durch Vergleich des Schnittpunktes $S_{d/2}$, der sich durch Schnitt des Kreises K_{2i} mit der Geraden $\xi = d/2$ ergibt, mit dem Punkt P_{krit}, in dem der obere in den unteren Profilteil übergeht (Bild 5-22, oben).

Ist die Ordinate $\eta_{d/2}$ des Punktes $S_{d/2}$ größer als die Ordinate η_{krit} , so liegt optimale Überdeckung vor und die Koordinaten des Schnittpunktes S_i sind dann $\eta_{d/2}$ und $\xi_{d/2} = d/2$

Flächenform	Gleichung für	
	$\eta_{(\frac{d}{2})}$	η_{krit}
FALL 1	$\eta_{(\frac{d}{2})} = -R_N + \sqrt{(R_N + r_t)^2 - (\frac{d}{2})^2}$	$\eta_{krit} = -R_B + \sqrt{(R_B \cdot \sin\beta + \frac{d}{2})^2 + (R_B \cdot \cos\beta)^2}$
FALL 2	$\eta_{(\frac{d}{2})} = R_N - \sqrt{(R_N - r_t)^2 - (\frac{d}{2})^2}$	$\eta_{krit} = R_B - \sqrt{(R_B \cdot \sin\beta - \frac{d}{2})^2 + (R_B \cdot \cos\beta)^2}$
FALL 3	$\eta_{(\frac{d}{2})} = -R_N + \sqrt{(R_N + r_t)^2 - (\frac{d}{2})^2}$	$\eta_{krit} = R_B - \sqrt{(R_B \cdot \sin\beta - \frac{d}{2})^2 + (R_B \cdot \cos\beta)^2}$
FALL 4	$\eta_{(\frac{d}{2})} = R_N - \sqrt{(R_N - r_t)^2 - (\frac{d}{2})^2}$	$\eta_{krit} = -R_B + \sqrt{(R_B \cdot \sin\beta + \frac{d}{2})^2 + (R_B \cdot \cos\beta)^2}$

<u>Bild 5-23</u>: Gleichungen für $\eta_{(d/2)}$ und η_{krit} in Abhängigkeit verschiedener lokaler Flächenformen

Die Gleichungen, nach denen $\eta_{d/2}$ und η_{krit} berechnet werden, sind je nach der vorliegenden Flächenform verschieden. Die Tabelle in Bild 5-23 stellt für die vier Flächenformen (Bild 5-20) die entsprechenden Gleichungen gegenüber.

5.2.5 Rechenprogramm

Die Abstandsermittlung für Fräsbahnen auf einer gekrümmten Fläche, so wie das Bild 5-24 sie zeigt, wird durch das in Bild 5-25
in einem vereinfachten Flußdiagramm dargestellte Rechenprogramm
verwirklicht.

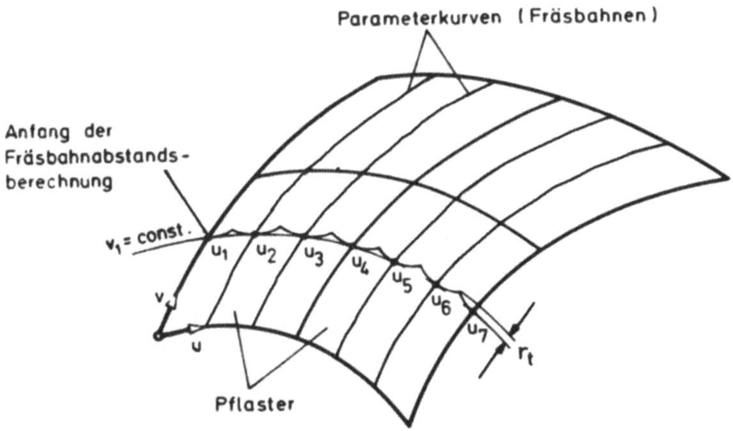

Bild 5-24: Fräsbahnenabstände auf einer gekrümmten
Fläche

Die gekrümmte Fläche liegt durch die Koeffizienten der bikubischen Polynome numerisch beschrieben vor. Als Fräsbahnen sind
Parameterkurven vorgesehen.

Die direkte Berechnung des Punktes P_{i+1}, wie sie im vorigen Abschnitt beschrieben wurde, wird durch das Unterprogramm KPSFOP
ausgeführt.

In den Programmteilen, die im Datenfluß zuvor angeordnet sind,
werden die für die direkte Berechnung erforderlichen Ausgangs-
informationen berechnet. Diese sind die Werkstückradien in der

Bahnrichtung R_B und in der Normalprofilschnittebene R_N, die lokale Flächenform (Bild 5-20) sowie, falls nicht ein vorgegebener Voreilwinkel gelten soll, der der Flächenform entsprechende Voreilwinkel. (Näheres zur Berechnung des Voreilwinkels in Abhängigkeit der lokalen Flächenform in 5.3.2).

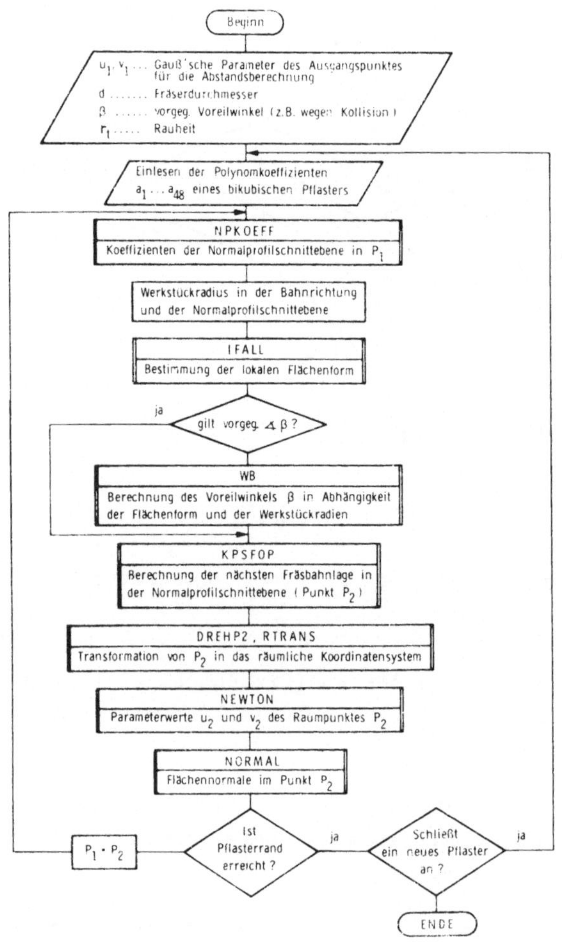

Bild 5-25:
Flußdiagramm zum Rechenprogramm für die Fräsbahnenabstandsermittlung

Nach der Berechnung von P_{i+1} im Unterprogramm KPSFOP müssen
die Koordinaten von Punkt P_{i+1} aus dem ebenen Koordinatensystem der Normalprofilschnittebene in das räumliche Koordinatensystem, in dem die Fläche beschrieben ist, transformiert
werden. Anschließend ist der dem Raumpunkt P_{i+1} entsprechende
u- und v-Wert auf der Fläche zu ermitteln. Sie legen den Ausgangspunkt für die folgende Fräsbahnberechnung fest.

5.2.6 Ergebnisse

Im folgenden soll das Rechenprogramm zur Fräszeilenabstandsberechnung an einer konvexen und konkaven Fläche eingesetzt und
die Rechenergebnisse diskutiert werden. Bei den beiden Flächen
handelt es sich um die bereits in 4.6.2 vorgestellten Testflächen (Bild 4-18, links).

Auf ihnen sollen je für die dreiachsige Fräsbearbeitung mit
dem Kugelkopffräser und je für die fünfachsige Fräsbearbeitung
mit dem Schaftfräser ohne Eckenradius die Fräsbahnlagen für
verschiedene Rillentiefen berechnet werden. Von den Rechenergebnissen kann erwartet werden, daß sie weitere interessierende, quantitative Vergleiche zwischen dem dreiachsigen und dem
fünfachsigen Fräsen ermöglichen.

Die Bilder 5-26 und 5-27 zeigen die Rechenergebnisse in Diagrammform, und zwar sind jeweils die Anzahl der Fräsbahnen N
über der Rillentiefe r_t aufgetragen.

Die Funktionsverläufe in beiden Diagrammen lassen sich in dem
dargestellten Bereich durch die Beziehung

$$r_t \sim \frac{1}{N^2}$$

gut beschreiben. Diese Beziehung sagt aus, daß sich zum Beispiel eine Verdoppelung der Fräsbahnenanzahl in einer viermal
kleineren Rillentiefe auswirkt.

Auffallend groß sind die Abstände zwischen den Funktionsver-
läufen der dreiachsigen Fräsbearbeitungen und fünfachsigen
Fräsbearbeitungen.

Die Anzahl der Fräsbahnen bei dreiachsiger Bearbeitung verhält sich zur Anzahl der Fräsbahnen bei fünfachsiger Bearbeitung für eine bestimmte Rillentiefe wie etwa 5:1 für die konvexe Fläche und zwischen 6:1 und 12:1 für die konkave Fläche.

Das fünfachsige Fräsen gekrümmter Flächen mit großen Rillentiefen ist wenig sinnvoll, denn mit nur wenig zusätzlichen Fräsbahnen lassen sich wesentlich glattere Flächen erzielen. Für
das im Bild 5-26 durch das gestrichelte Dreieck markierte

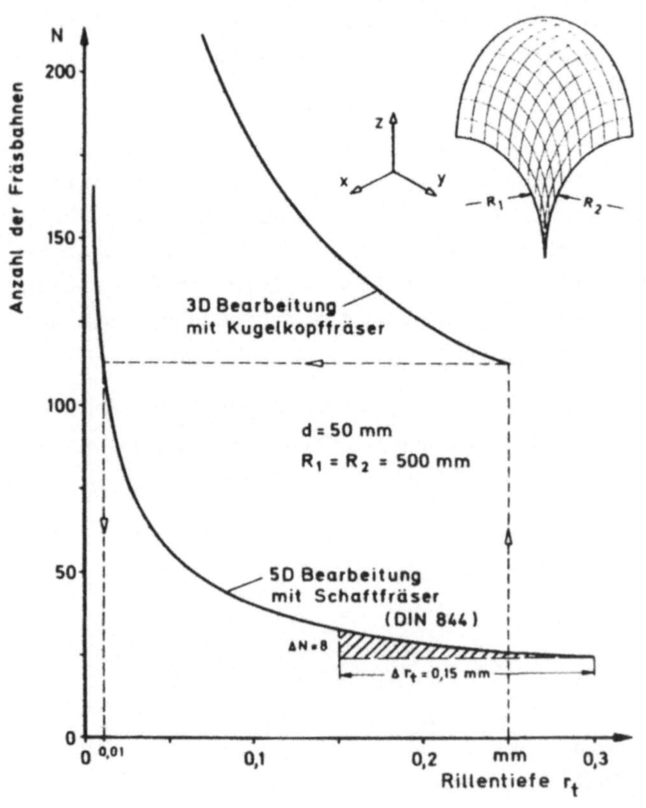

Bild 5-26:
Anzahl der
Fräsbahnen N
in Abhängig-
keit der
Rillentiefe
r_t für eine
konvexe
Testfläche

Beispiel kann die Größe der Rillentiefe durch nur acht zusätzliche Fräsbahnen halbiert werden.

Das ebenfalls in Bild 5-26 gestrichelt markierte Bearbeitungsbeispiel macht deutlich, daß sich das fünfachsige Fräsen zur
Fertigbearbeitung von gekrümmten Flächen vorteilhaft einsetzen
läßt. Die konkave Fläche, die durch dreiachsiges Fräsen mit
einer Rillentiefe von 0,25 mm durch 112 Fräsbahnen erzeugt
wurde, läßt sich mit derselben Fräsbahnenanzahl fünfachsig
mit einer Rillentiefe von nur ca. 0,01 mm herstellen.

Bei der fünfachsigen Fräsbearbeitung konkaver Flächen ist der
Fräser mit einem Voreilwinkel in Bahnrichtung zu führen. Daß
es sehr wesentlich ist, einen möglichst kleinen Voreilwinkel

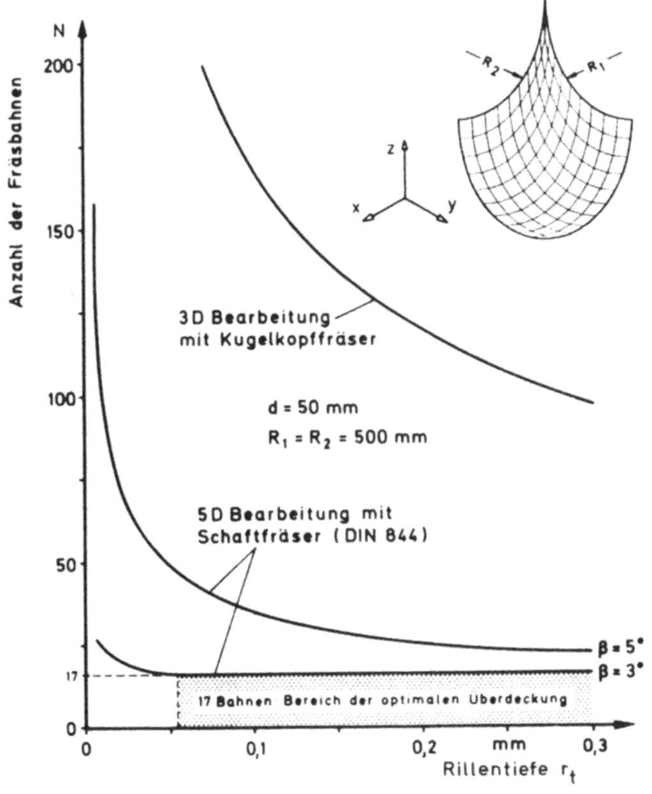

Bild 5-27:
Anzahl der
Fräsbahnen N
in Abhängig-
keit der
Rillentiefe
r_t für eine
konkave
Testfläche

zu wählen, machen die zwei recht unterschiedlichen Funktionsverläufe für die fünfachsige Fräsbearbeitung in Bild 5-27
deutlich. Bei dem kleineren Voreilwinkel wird ab etwa r_t =
0,05 mm optimale Überdeckung erreicht (Bild 5-22). Ganz allgemein kann festgestellt werden: Bei konkaven Flächen lassen
sich bei bestimmter Rillentiefe breitere Überdeckungen als bei
entsprechenden konvexen Flächen erreichen, d.h. zur Bearbeitung konkaver Flächen sind weniger Fräsbahnen erforderlich.

Das Rechenprogramm zur Fräszeilenabstandsberechnung erfüllte
die gestellten Bedingungen. Es erwies sich als zuverlässig
und schnell. Die Berechnung eines Fräsbahnenabstandes für eine
konvex-konkave Testfläche (Bild 5-37) benötigte auf dem Großrechner CDC 6600 etwa 0,15 Sekunden.

5.3   Optimale Fräserführung

5.3.1 Konvexe Fläche

Für das fünfachsige Stirnfräsen konvexer Flächen bieten sich
die in Bild 5-28 dargestellten, nach ihren Zerspanungs- und
Fräsrillenprofileigenschaften geordneten Bearbeitungsmöglichkeiten an. Ihr Einfluß auf die Fräsrillengeometrie wurde bereits in 5.1.2.4 erläutert, und auf ihre Eigenschaften bei der
Zerspanung geht Damsohn /6/ ein.

Für das Stirnfräsen konvexer Flächen empfiehlt sich in der Regel die Bearbeitungsmöglichkeit III. Das Fräsen mit Voreilwinkel erzeugt noch günstige Fräsrillenformen bei guten technologischen Eigenschaften.

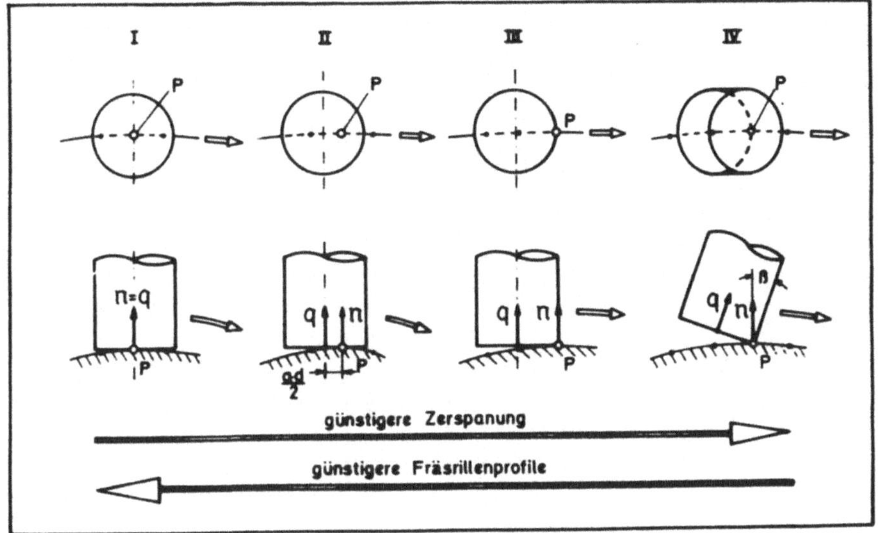

Bild 5-28: Möglichkeiten des fünfachsigen Stirnfräsens auf konvexen Flächen

5.3.2   Konkave Flächen

5.3.2.1 Kritischer Voreilwinkel

Beim fünfachsigen Stirnfräsen konkaver Flächen, die dem FALL 2, FALL 3 und FALL 4 in Bild 5-20 entsprechen, ist nur das Fräsen mit Voreilwinkel möglich. Ohne einen ausreichend großen Voreilwinkel wird die Solloberfläche verletzt. Man erhält sogenannte Unterschneidungen. In Bild 5-29 sind sie für die Flächenform: FALL 2, FALL 3 und FALL 4 eng schraffiert dargestellt, und zwar jeweils in den Normalprofilschnittebenen. Die entsprechenden Fräserstellungen mit dem zu kleinen Voreilwinkel β_1 sind strichpunktiert angedeutet und der zur Vermeidung des Unterschnitts gerade notwendige Voreilwinkel β wird als der kritische Voreilwinkel β_{krit} bezeichnet. Im FALL 4 beispielsweise muß er

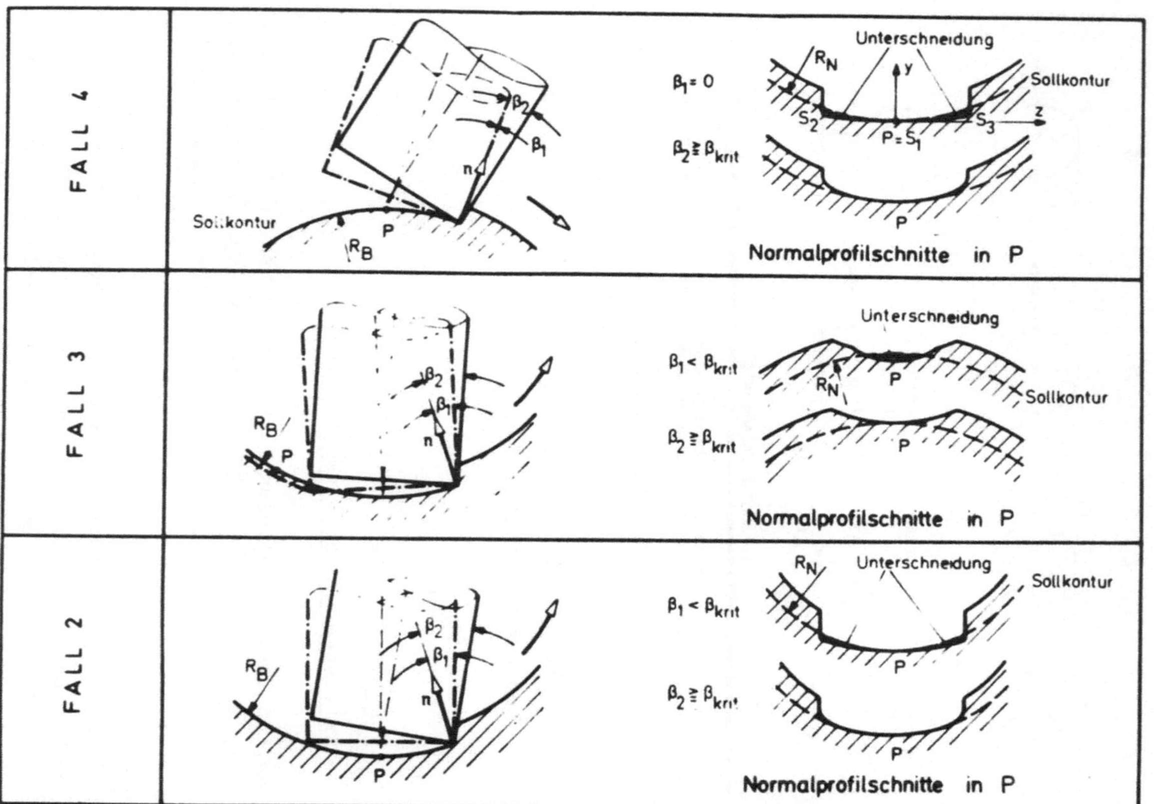

Bild 5-29: Unterschneidungen infolge zu kleiner Voreilwinkel

so groß sein, daß das entstehende Fräsrillenprofil die konkave Sollkontur nicht unterschneidet, sondern in P berührt (Bild 5-29, rechts oben). Der kritische Voreilwinkel läßt sich aus der mathematischen Formulierung dieser Forderung bestimmen.

Das Fräsrillenprofil ist durch die Gleichung (5/1) beschrieben und die konkave Sollkontur durch die folgende Kreisgleichung:

$$z^2 + (y - R_N)^2 - R_N^2 = 0 \qquad (5/9)$$

Im allgemeinsten Fall haben beide Gleichungen drei gemeinsame Lösungen, die den möglichen Schnittpunkten S_1, S_2 und S_3 beider Konturen entsprechen (Bild 5-29, rechts oben). Aus Gleichung (5/1) und Gleichung (5/9) lassen sich die Koordinaten der Schnittpunkte ermitteln. Für die y-Koordinaten gilt:

$$y_1 = 0$$

$$y_{2,3} = \frac{2R_B(\frac{C_0}{C_3} \cdot \sin\beta - 1)}{(1 - \frac{C_0}{C_3})^2} \qquad (5/10)$$

wobei

$$C_0 = R_N + R_B$$

$$C_3 = R_B \cdot \sin\beta + \frac{d}{2}$$

Es tritt dann keine Unterschneidung auf, wenn die Schnittpunkte S_1, S_2 und S_3 zusammenfallen, das heißt, wenn $y_1 = y_2 = y_3 = 0$ ist. Der Zähler von Gleichung (5/10) muß also Null sein:

$$\frac{C_0}{C_3} \cdot \sin\beta - 1 = 0 \qquad (5/11)$$

Die Gleichung (5/11) ist die Bestimmungsgleichung für den kritischen Voreilwinkel. Für ihn ergibt sich:

$$\beta_{krit} = \arcsin \frac{d}{2R_N} \qquad\qquad (5/12)$$

Liegt der FALL 3 vor, so kann kein noch so flaches Fräsrillenprofil die völlig anders gekrümmte, konvexe Sollkontur ver-
letzen (Bild 5-29, Mitte). Trotzdem können bei zu kleinen Vor-
eilwinkeln Unterschneidungen, wenn auch anderer Gestalt, auftreten. Sie entstehen durch das Nachschneiden des hinteren Be-
reichs der Fräserstirnseite (Bild 5-29, Mitte links).

Die Formel zur Berechnung des kritischen Voreilwinkels läßt
sich aus dem schraffierten Dreieck links in Bild 5-30 direkt
angeben:

$$\beta_{krit} = \arcsin \frac{d}{2R_B} \qquad\qquad (5/13)$$

Überraschenderweise ergibt sich für den Fall: konkaver Flächenverlauf in Fräsbahnrichtung (FALL 3) derselbe Formelaufbau wie
für den Fall konvexer Flächenverlauf quer zur Fräsbahnrichtung.

Außerdem kann gezeigt werden, daß das Fräsen mit dem kritischen
Voreilwinkel in Richtung des konkaven Flächenverlaufs ein
Kreisprofil als Fräsrillenprofil erzeugt (Bild 5-8).

Das Fräsrillenprofil für FALL 3 läßt sich nach Gleichung (5/2)
beschreiben. Wird für β die Formel (5/13) für den kritischen
Voreilwinkel eingesetzt, so ergibt sich die Gleichung eines
Kreises mit dem Radius R_B.

Damit ist nochmals gezeigt, daß die Fräsrillenprofile unten in
Bild 5-8 Kreisprofile sind und daß makrogeometrisch betrachtet
konkave Kugelsegmente durch fünfachsiges Fräsen herstellbar
sind.

Überträgt man die Ergebnisse von FALL 4 und FALL 3 auf den allgemeinsten Fall einer konkaven Fläche, nämlich auf FALL 2, so

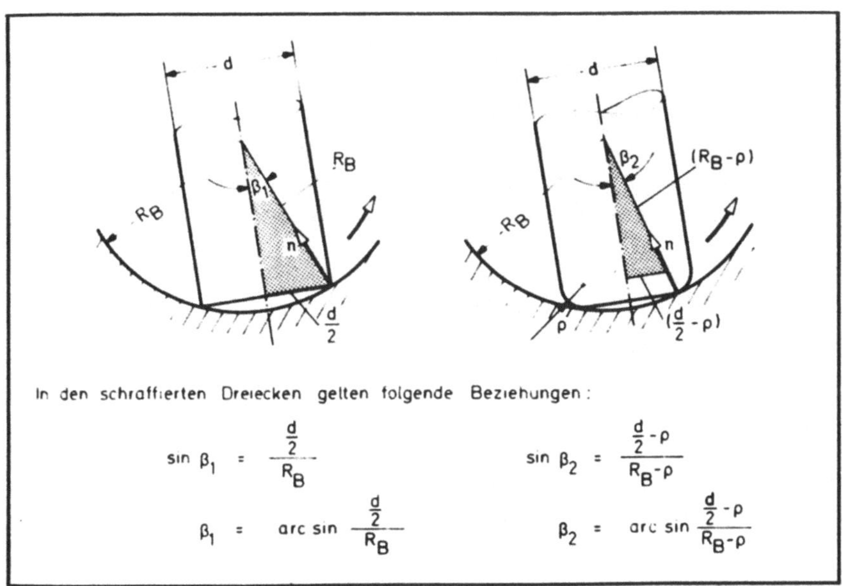

$$\sin \beta_1 = \frac{\frac{d}{2}}{R_B} \qquad\qquad \sin \beta_2 = \frac{\frac{d}{2}-\rho}{R_B-\rho}$$

$$\beta_1 = \arcsin \frac{\frac{d}{2}}{R_B} \qquad\qquad \beta_2 = \arcsin \frac{\frac{d}{2}-\rho}{R_B-\rho}$$

Bild 5-30: Kritischer Voreilwinkel in Abhängigkeit der Flächenkrümmung in Bahnrichtung

tritt dann keine Unterschneidung auf, wenn der kritische Voreilwinkel nach der Formel (5/12) bzw. (5/13) mit dem kleineren
Radius der beiden Radien R_B und R_N berechnet wird.

Der in Bild 5-29 für den FALL 2 erzeugte Unterschnitt ist die
Folge der falschen Voreilwinkelbestimmung. Der Voreilwinkel β_{krit}
wurde nicht durch Einsetzen des kleinsten Radius berechnet. Für
die im Bild gezeigte Fläche wäre es der Radius R_N gewesen.

Bei der Fräsbearbeitung konkaver Flächen muß also der Fräser,
um Unterschneidungen zu vermeiden, mit ausreichend großem Voreilwinkel geführt werden. Da das Fräsrillenprofil jedoch mit
zunehmendem Voreilwinkel immer enger wird und sich dadurch keine optimale Überdeckung mehr erreichen läßt, ist es notwendig,
den Voreilwinkel möglichst klein zu wählen. Mit dem kritischen
Voreilwinkel selber zu arbeiten ist wegen der nur näherungs-

weise richtigen Annahmen, z.B. der lokalen Flächenformen in
Bild 5-20 und der beim Fräsen möglichen Fehler, z.B. der in
Bild 2-13 dargestellten kinematischen Fehler, zu riskant. Daher wird als Voreilwinkel der um einen kleinen Sicherheitswinkel vergrößerte kritische Voreilwinkel gewählt. Bei den
praktischen Fräsversuchen bewährte sich ein Sicherheitswinkel
von 0,2 Grad.

Das bisher Gesagte bezog sich auf den Schaftfräser ohne Eckenradius. Für den Schaftfräser mit Eckenradius sind jedoch die
qualitativen Aussagen ebenfalls zutreffend. Die Formeln zur
Berechnung der kritischen Voreilwinkel entsprechend den Gleichungen (5/12) und (5/13) können allerdings wegen der anderen
Fräsergeometrie nicht gleich lauten. Eine Ableitung der Formel,
wie für den Schaftfräser ohne Eckenradius, ist nur für den
FALL 3 einfach (Bild 5-29). Für den FALL 4 ist sie, da eine
geschlossene analytische Fräsrillenprofilbeschreibung fehlt,
nicht möglich.

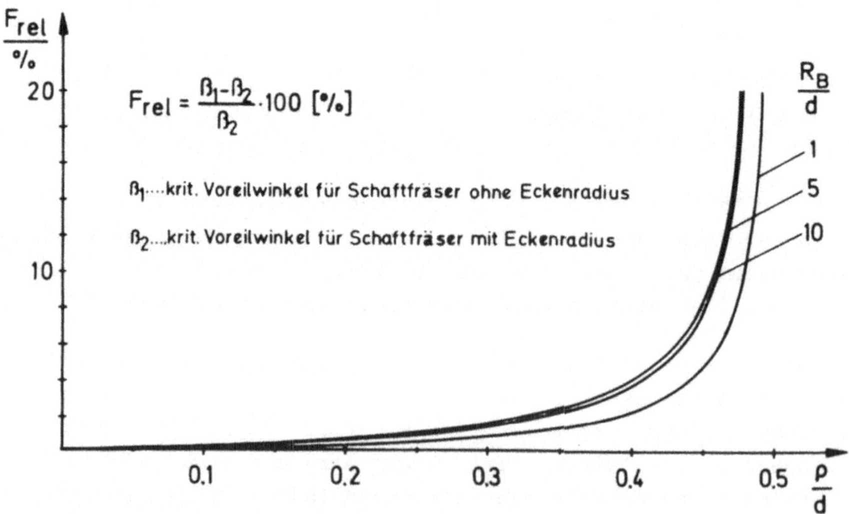

Bild 5-31: Relativer Fehler $F_{rel} = \dfrac{\beta_1 - \beta_2}{\beta_2} \cdot 100\ [\%]$
über dem normierten Eckenradius ρ/d

Die Voreilwinkel für Schaftfräser mit Eckenradius lassen sich
jedoch näherungsweise durch die Formeln (5/12) und (5/13) berechnen. Daß dies für einen großen Bereich der Eckenradien
möglich ist, zeigten schon die Untersuchungen in Abschnitt
5.1.2.1. Für den konkreten Fall: Kritischer Voreilwinkel in Abhängigkeit der Flächenkrümmung in Bahnrichtung (Bild 5-30)
zeigt Bild 5-31 den relativen Fehler in Abhängigkeit des normierten Eckenradius ρ/d. Die Fehlerkurven für verschiedene normierte Bahnradien R_B/d verlaufen bis ca. 0,4 ρ/d sehr flach,
das heißt, in diesem Bereich ist der Fehler sehr klein.

5.3.2.2 Verbesserte Fräserwegberechnung

Die seitherige Fräserwegberechnung, wie sie zum Beispiel im
FMILL-APTLFT-System verwirklicht ist, wird in zwei Berechnungs-
schritten durchgeführt (links in Bild 5-32). Zuerst werden die
Fräsbahnen aufgrund der numerischen Flächenbeschreibung und
ausschließlich geometrischer Angaben in Form von Punkten und
zugehörigen Normalen errechnet und abgespeichert. In dem darauf folgenden Berechnungsabschnitt, der eigentlichen Fräserwegberechnung, werden ausgehend von den Fräsbahnpunkten und
Normalen die Fräserspitzenpositionen und die zugehörigen Frä-
serachsvektoren nach technologischen Angaben ermittelt.

Die Trennung in einen Rechenabschnitt, der nur geometrische Angaben und in einen, der nur technologische Angaben verarbeitet,
bietet die Möglichkeit, die Fräsbahnen durch jedes der vorhandenen Programmiersysteme zur Darstellung und Verarbeitung gekrümmter Flächen berechnen zu können. Das heißt, zur Berechnung der Flächenkurven als Fräsbahnen müssen keine speziellen,
auf die eigentliche Fräserwegberechnung abgestimmten Programme
entwickelt werden.

Die vorhergehenden Abschnitte machen jedoch deutlich, daß es
notwendig aber auch möglich ist, die seitherige Fräserwegberechnung durch die Fräsbahnenabstandsberechnung und eine opti-

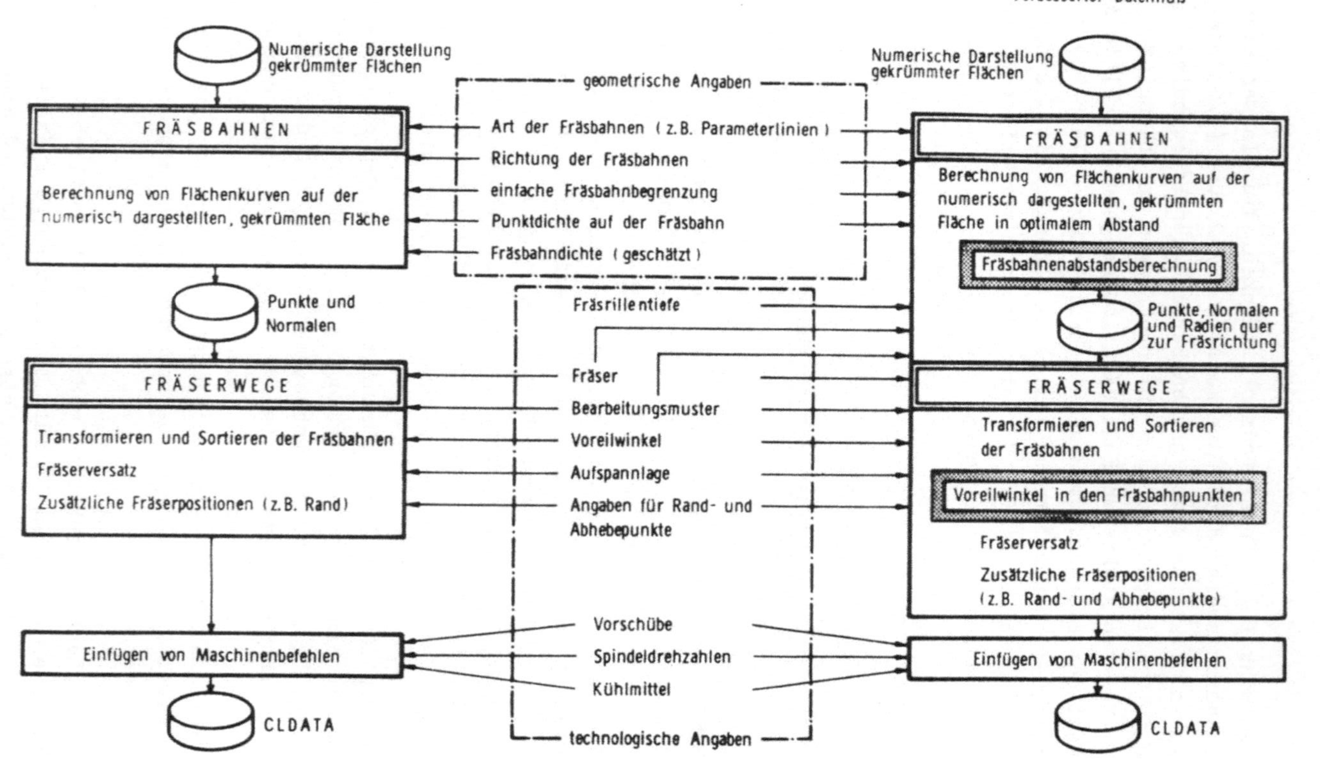

Bild 5-32: Seitherige und verbesserte Fräserwegberechnung

male Fräserführung wesentlich zu verbessern. Die rechts im
Bild 5-32 dargestellte "verbesserte Fräserwegberechnung" zeigt
die Integration beider Möglichkeiten in den Datenfluß. Die
seitherige deutliche Trennung in eine Fräsbahnenberechnung aufgrund geometrischer Angaben und in eine Fräserwegberechnung
aufgrund technologischer Angaben ist nicht mehr möglich.

Für die Fräsbahnenberechnung werden sowohl geometrische als
auch technologische Informationen benötigt. Die technologischen
Informationen sind für die Fräsbahnenabstandsberechnungen notwendig. Sie enthalten Angaben zum Fräser, die gewünschte Rauh-
heit, das Bearbeitungsmuster und, falls die kritische Flächen-
stelle für die Abstandsberechnung längs der Fräsbahn nicht
automatisch ermittelt wird, die Angabe dieser Stelle. Im Gegensatz zur seitherigen Fräsbahnenberechnung (Bild 5-32, links)
sind nun spezielle, auf die Fräserwegberechnung, insbesondere
auf die Voreilwinkelberechnung zugeschnittene Programme erforderlich. Diese müssen neben den Fräsbahnpunkten und Normalen
nun auch Informationen über die lokalen Flächenformen in den
Fräsbahnpunkten ermitteln.

Eine Möglichkeit ist, in den Fräsbahnpunkten die Krümmungsradien R_B in Fräsbahnrichtung und R_N quer zu ihr anzugeben
und die lokale Flächenform durch die Vorzeichen der Krümmungsradien festzulegen. Aus diesen Angaben lassen sich später nach
den Gleichungen (5/11) und (5/12) die Voreilwinkel berechnen,
vergleichen und auswählen.

Es empfiehlt sich, die Radien in den entsprechenden Normalebe-
nen eines Flächenpunktes P_i nicht nach differentialgeometri-
schen Gesichtspunkten, sondern wie den Radius R_{Bi} in Bild 5-33
aus drei geeignet liegenden Flächenpunkten zu berechnen.

Ermittelt man z.B. für die in Bild 5-33 dargestellte Flächenform den Radius in P_i differentialgeometrisch, so wird er un-
endlich groß. Nach den Formeln (5/11) und (5/12) berechnet
sich so ein Voreilwinkel $\beta = 0^o$, der aber für die unten
angegebene Fräsrichtung Unterschnitt bedeutet. Nur der aus

drei geeignet liegenden Fräsbahnpunkten berechnete Radius R_{Bi} kann den Unterschnitt vermeiden. Die Fräsbahnpunkte liegen dann geeignet, wenn sie im Bereich des einzusetzenden Fräsers die lokale Flächenform gut wiedergeben.

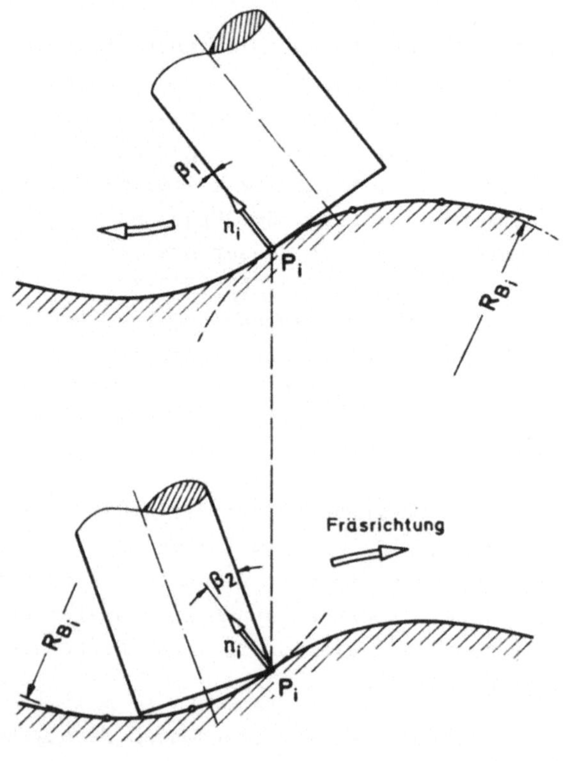

Bild 5-33:
Abhängigkeit
des Krümmungs-
radius R_B von
der Fräsrich-
tung

Der erforderliche Voreilwinkel läßt sich jedoch auch ohne Kenntnis des genauen Krümmungsradius R_B nur aus den Fräsbahn-punkten und dem Krümmungsradius R_N mit Vorzeichen berechnen. Dies ist möglich, weil im allgemeinen die Fräsbahnpunkte wegen der beim NC-Fräsen geforderten Genauigkeiten sehr eng liegen. Für die Voreilwinkelberechnung in Abhängigkeit der Längskrüm-mung ist der Flächenverlauf durch die dicht liegenden Punkte, wenn auch nicht mehr stetig, so doch sehr gut reproduzierbar.

Anders verhält es sich beim Flächenverlauf quer zur Fräsbahn. Die Fräsbahnen bzw. die darauf liegenden Punkte liegen weit auseinander, besonders beim fünfachsigen Fräsen. Ganz abgesehen von dem aufwendigen Auffinden der entsprechenden Fräsbahnpunkte ließe sich die Krümmung quer zum Fräsrillenverlauf (Querkrümmung) nur sehr ungenau ermitteln. Hier ist für die Ermittlung des Voreilwinkels in Abhängigkeit der Querkrümmung schon bei der Fräsbahnenberechnung eine direkte Berechnung von R_N in P_i unbedingt notwendig und auch eindeutig möglich.

Der vom Flächenverlauf in Bahnrichtung erforderliche Voreilwinkel läßt sich nach dem links in Bild 5-34 verdeutlichten Rechengang ermitteln.

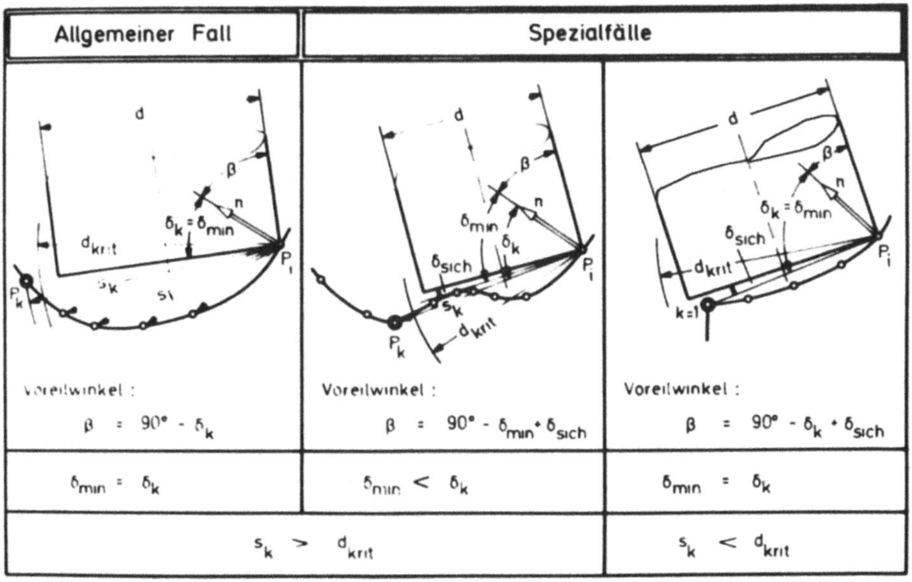

Allgemeiner Fall	Spezialfälle	
Voreilwinkel: $\beta = 90° - \delta_k$	Voreilwinkel: $\beta = 90° - \delta_{min} + \delta_{sich}$	Voreilwinkel: $\beta = 90° - \delta_k + \delta_{sich}$
$\delta_{min} = \delta_k$	$\delta_{min} < \delta_k$	$\delta_{min} = \delta_k$
	$s_k > d_{krit}$	$s_k < d_{krit}$

Bild 5-34: Ermittlung des Voreilwinkels aus dem Fräsbahnenverlauf

Ausgehend von einem Punkt P_i mit der Normalen n wird in rückwärtiger Punktfolgerichtung schrittweise der Punkt P_k gesucht, für den der Betrag der Sehne s_k größer als der mit einem Sicherheitsfaktor multiplizierte Fräserdurchmesser d_{sich} ist. Gleichzeitig werden die Winkel δ_i zwischen der Normalen n und den Sehnen s_i berechnet und verglichen, um den kleinsten Winkel δ_{min} mit dem entsprechenden Fräsbahnpunkt zu ermitteln.

Im allgemeinen Fall tritt der kleinste Winkel δ_{min} zwischen der Normalen n und der Sehne s_k auf. Der Voreilwinkel läßt sich dann nach der Gleichung

$$\beta = 90° - \delta_K$$

berechnen. Der kleinste Winkel δ_{min} kann aber auch, wie in der Mitte von Bild 5-34, zwischen der Normalen n und einer beliebigen Sehne s_i auftreten. Um Unterschneidungen zu vermeiden, müssen diese Fälle vom Rechenverfahren erkannt und die Voreilwinkel nach folgender Gleichung berechnet werden:

$$\beta = 90° - \delta_{min} + \delta_{sich}$$

Am Anfang von Fräsbahnen tritt der rechts im Bild dargestellte Spezialfall auf. Es kann kein Punkt P_k bzw. keine Sehne s_k ermittelt werden, die größer als der korrigierte Fräserdurchmesser d_{krit} ist. Um sicher Unterschneidungen zu vermeiden, wird zum theoretischen Voreilwinkel, wie beim vorhergehenden Fall, ein Sicherheitswinkel δ_{sich} hinzuaddiert. Die Gleichung lautet:

$$\beta = 90° - \delta_K + \delta_{sich}$$

Für P_i gleich P_1 ergibt sich ein Sonderfall. Der Voreilwinkel wird dann Null gesetzt.

Ein entsprechend genaues Rechenverfahren für den Schaftfräser mit Eckenradius wird sehr aufwendig. Im vorigen Abschnitt 5.3.2.1 konnte jedoch nachgewiesen werden, wie wenig der Eckenradius ρ , besonders in dem für die Praxis interessanten Bereich, auf den Voreilwinkel β_{krit} Einfluß hat. Daher läßt sich für den allgemeinen Fall der beschriebene Rechenalgorithmus sowohl für den Schaftfräser ohne Eckenradius als auch für den Schaftfräser mit Eckenradius anwenden. Für den letzteren mit guter Näherung. Der Fehler ist immer positiv, d.h. so, daß der Voreilwinkel größer als erforderlich berechnet wird. Unterschneidungen werden daher auf jeden Fall vermieden.

Anders verhält es sich für die rechts in Bild 5-34 dargestellten Spezialfälle. Hier können, da der Schaftfräser mit Eckenradius gegenüber dem ohne Eckenradius nach unten versetzt ist (Bild 5-35), Unterschneidungen entstehen.

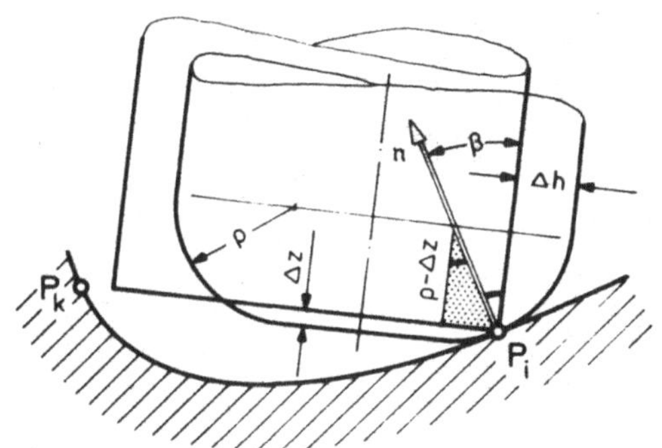

Bild 5-35:
Fräserversatz
zwischen Schaftfräsern
mit und ohne Ecken-
radius

Aus dem schraffierten Dreieck in Bild 5-35 läßt sich die Gleichung für diesen Versatz angeben. Sie lautet:

$$\Delta z = \rho(1 - \cos\beta)$$

Die Gleichung zeigt, daß sich für einen großen Voreilwinkelbereich und die in der Praxis vorkommenden Eckenradien nur kleine Δz-Werte ergeben. Aus einem relativ großen Voreilwinkel von $\beta = 30^{\circ}$ und einem Eckenradius von $\rho = 4$ mm läßt sich ein Versatz von $\Delta z = 0,53$ mm errechnen.

Aus diesem Grund ist es für die Spezialfälle, in denen ein
Schaftfräser mit Eckenradius eingesetzt wird, möglich, mit dem
Rechenalgorithmus der einfacheren Fräsergeometrie zu rechnen.
Außerdem trägt der Sicherheitswinkel δ_{sich} dazu bei, ein Un-
terschneiden der Sollkontur zu vermeiden.

Das Bild 5-36 zeigt am Beispiel einer stark gekrümmten Fräsbahn mit außergewöhnlich weit auseinanderliegenden Fräsbahnpunkten eine brauchbare Fräserführung. Diese wurde durch ein
Rechenprogramm berechnet, das nach dem beschriebenen Rechenverfahren arbeitet. Deutlich nimmt im konkaven Fräsbahnbereich
der Voreilwinkel mit zunehmender Krümmung zu und mit abnehmen-
der Krümmung ab. Im konvexen Fräsbahnenbereich ist der Voreilwinkel immer Null.

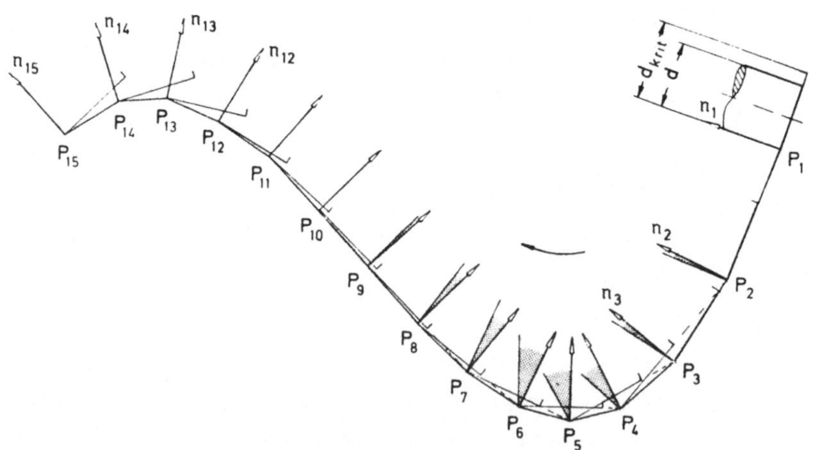

Bild 5-36: Funktionsweise des Rechenprogramms zur Voreilwinkel-
ermittlung

Um eine unterschneidungsfreie Fräsbearbeitung bei allen Flächenformen (Bild 5-20) zu gewährleisten, muß der Voreilwinkel,
der durch das oben beschriebene Rechenprogramm ermittelt wurde,

mit dem Voreilwinkel, der nach Gleichung (5/11) durch Einsetzen des entsprechenden Radius R_N berechnet wurde, verglichen werden. Der größere Voreilwinkel ist der erforderliche.

Das Rechenprogramm zur Ermittlung der Voreilwinkel aus den Punkten längs einer Fräsbahn eignet sich auch zur Verbesserung bestehender Programme für die Fräserwegberechnung, wie z.B. dem APTLFT-System (3.1.1). Der Einbau ermöglicht die Fertigung bestimmter konkaver Flächen mit dem Schaftfräser. Diese Flächen müssen quer zur Fräsrichtung weniger stark konkav gekrümmt sein, d.h. sie dürfen auch konvex sein.

5.3.2.3 Praktische Ergebnisse

Das Bild 5-37 zeigt zwei nebeneinanderliegende gefräste Flächen. Bei den Flächen handelt es sich um eine zylindrische Testfläche, deren Kontur in Richtung des gekrümmten Flächenverlaufs durch ein Polynom 3. Grades beschrieben wird. Diese konvex-konkave Fläche eignet sich besonders gut zur Demonstration und praktischen Erprobung der Fräsbahnenabstandsberechnung (5.2.5) sowie der optimalen Fräser-Werkstück-Zuordnung (5.2.5) beim fünfachsigen Fräsen.

Die linke Fläche ist dreiachsig mit einem Kugelkopffräser und die rechte Fläche fünfachsig mit einem Schaftfräser ohne Eckenradius bearbeitet. Die Fräszeilenabstände wurden so berechnet, daß eine maximale Rillentiefe $r_t = 0{,}15$ mm entsteht. Die beiden gefrästen Flächen bieten sich für einen Vergleich der dreiachsigen mit der fünfachsigen Fräsbearbeitung an.

Bei der dreiachsig gefrästen Fläche ist das konstante Fräsrillenprofil längs der Fräsbahnen deutlich sichtbar. Aus diesem Grunde ergibt sich auch überall quer zu den Fräsbahnen dieselbe Rillentiefe $r_t = 0{,}15$ mm.

Anders verhält es sich mit der fünfachsig gefrästen Fläche. Die größte Rillentiefe, nämlich r_t = 0,15 mm, tritt nur an der ungünstigsten Stelle auf. Diese befindet sich im konkaven Flächenbereich, dort wo die Fläche am stärksten gekrümmt ist. Um Unterschneidungen zu vermeiden (Bild 5-30), mußte an dieser Stelle der Fräser mit dem größten Voreilwinkel geführt werden (Bild 5-36). Größere Voreilwinkel bedeuten entsprechend Bild 5-10 engere Fräsrillenprofile. Trotzdem ergeben sich auch für diese kritische Stelle breitere Fräsbahnen als allgemein bei der dreiachsig gefrästen Fläche.

Für die fünfachsige Fräsbearbeitung der Testflächen waren 8 Fräsbahnen und für die dreiachsige 13 Fräsbahnen notwendig, um eine Rillentiefe von r_t = 0,15 mm nicht zu überschreiten. Die Messungen der Rillentiefen an den kritischen Flächenstellen bestätigten die richtige Berechnung der Fräszeilenabstände.

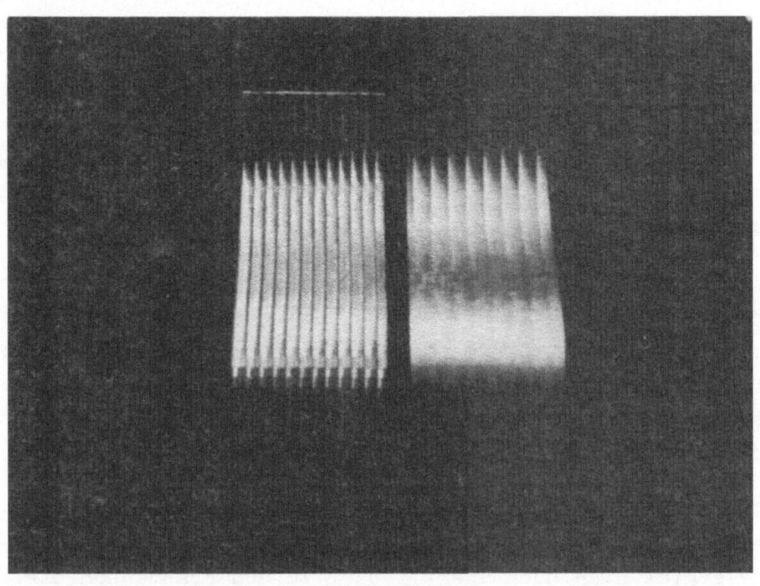

Bild 5-37: Drei- und fünfachsig gefräste Testfläche

Die Messungen im konvexen Flächenbereich der fünfachsig bearbeiteten Fläche ergaben nur etwa 1/100 mm Abweichungen von der
Sollkontur. Es ist bemerkenswert, daß diese kleinen Rillentiefen
die Fräsrillen, wenn auch durch die Lichtreflexionen etwas un-
scharf, im Bild 5-37 deutlich sichtbar werden lassen.

5.4. Optimale Fräsbahnlage

Der Programmierer benötigt Kriterien, die es ihm erlauben, die
Fräsbahnen auf einer gekrümmten Fläche optimal zu legen. Opti-
mal legen heißt so legen, daß zur Bearbeitung der Fläche unter
Einhaltung einer vorgegebenen Rillentiefe möglichst wenig
Fräsbahnen erforderlich sind.

Die Anzahl der Fräsbahnen ist abhängig von den beim Fräsen er-
zielten Überdeckungen (Bild 5-2). Je größer sie sind, desto
weniger Fräsbahnen sind im allgemeinen erforderlich. Im folgenden wird daher der Einfluß der Werkstückgeometrie auf die
Überdeckung untersucht. Wie schon in den vorausgegangenen Ka-
piteln werden die in Bild 5-20 dargestellten, für gekrümmte
Flächen typischen Formen angenommen. Die charakteristischen
Krümmungsradien für einen bestimmten Flächentyp (FALL 1 ...
FALL 4) sind R_1 und R_2. Im weiteren ist $R_1 > R_2$.
Für den Flächentyp: FALL 1 und FALL 2 ergibt sich für R_1
gleich R_2 ein konvexer bzw. konkaver Kugelausschnitt. Die Aufgabe lautet nun: In welche Richtung muß mit dem Schaftfräser
auf den verschiedenen Flächenformen gefräst werden, damit die
größtmögliche Überdeckung erreicht wird; oder anders formuliert: muß R_B gleich R_1 oder R_2 sein?

Die Überdeckung ist abhängig von dem entstehenden Fräsrillenprofil und dem Werkstückradius R_N in der Normalprofilschnittebene, also von allen Parametern, die Einfluß auf die Fräsrillengeometrie haben (siehe 5.1.2) und vom Radius R_N. Die allgemeine analytische Beschreibung der Überdeckung lautet:

$$l = f(R_B, R_N, d, r_t, \beta, \text{Fall } i) \qquad (5/14)$$

Die Überdeckung ist also in einem bestimmten Flächenpunkt P abhängig von dem Radius R_B in Bahnrichtung, dem Radius R_N quer zur Bahnrichtung, dem Fräserdurchmesser d, der vorgegebenen Rillentiefe r_t, dem vorgegebenen Voreilwinkel β und der lokalen Flächenform FALL i (Bild 5-20).

Eine direkte Berechnung von l in Abhängigkeit der genannten Parameter ist schwierig. Sie wurde jedoch bereits implizit zur Fräsbahnenabstandsberechnung in 5.2.3 gelöst.

Nach Gleichung (5/8) wird zur Ermittlung von P_{i+1} (Bild 5-21) der Winkel α_{i+1} berechnet. Mit ihm läßt sich die zugehörige Überdeckung l_{i+1} nach der Gleichung

$$l_{i+1} = 2 \cdot R_N \cdot \alpha_{i+1}$$

ermitteln.

Die Überdeckung l kann also für die verschiedensten Parameter der Gleichung (5/14) mit dem in 5.2.5 beschriebenen Rechenprogramm KPSFOP, das ausgehend von P_i den Punkt P_{i+1} in der Normalprofilschnittebene errechnet (Bild 5-25), ermittelt werden.

In den Plotterbildern 5-38 und 5-39 ist die Überdeckung l über dem Bahnradius R_B für verschiedene Radien R_N für konvexe und konkave Flächen entsprechend dem FALL 1 und FALL 2 in Bild 5-20 aufgetragen. Alle Größen sind aus den in 5.1.2 genannten Gründen auf den Fräserdurchmesser d bezogen. Die Diagramme gelten für eine normierte Rillentiefe $r_t/d =$ const $= 0,001$ bzw. in Bild 5-38 auch $r_t/d = 0,005$. Für andere Rillentiefen sind jedoch die Kurvenverläufe gleich. Es sei denn, daß optimale Überdeckung (5.2.4) auftritt.

Optimale Überdeckung läßt sich bei konkaven Flächen schon bei üblichen Rillentiefen erreichen. Dies macht das Diagramm in

Bild 5-38 deutlich, das für eine konkave Fläche und die normierte Rillentiefe r_t/d = 0,005 gilt. Für diese Rillentiefe ist schon in einem sehr großen Bereich optimale bzw. nahezu optimale Überdeckung möglich.

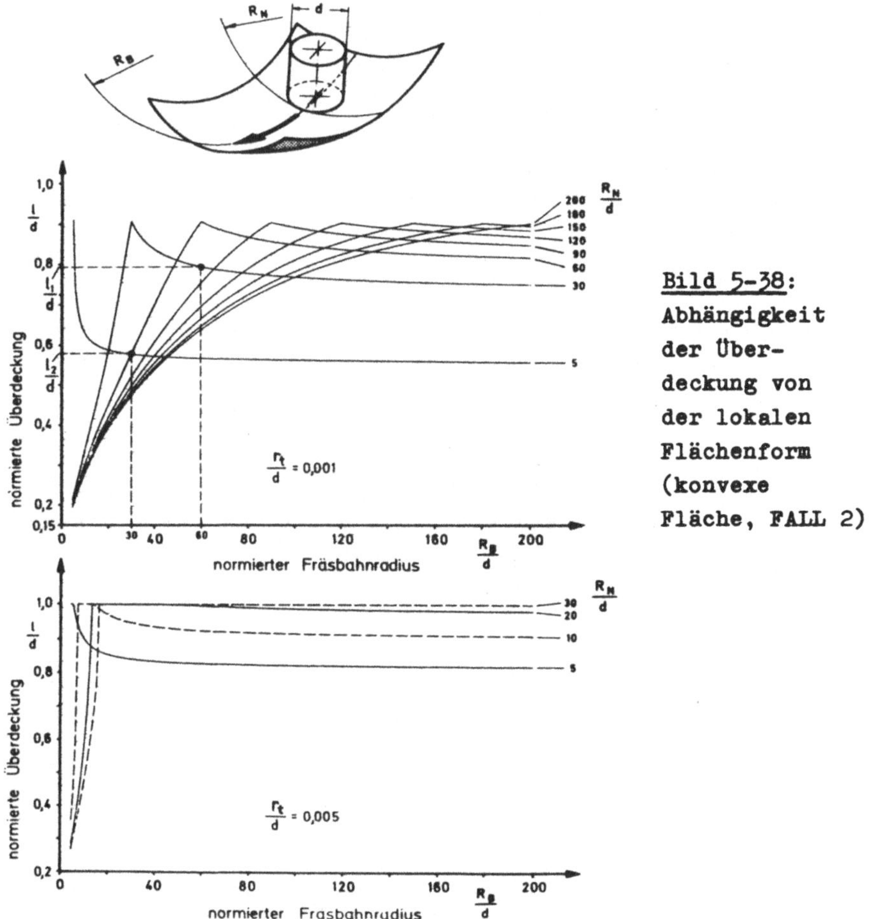

Bild 5-38:
Abhängigkeit der Überdeckung von der lokalen Flächenform (konvexe Fläche, FALL 2)

In Abschnitt 5.2.4 wurde gezeigt, daß zur Bearbeitung jeder Form von gekrümmten Flächen der Voreilwinkel β möglichst klein zu wählen ist.

Für die Flächenform: FALL 1 bedeutet dies einen Voreilwinkel
$\beta = 0$.

Die Flächenform: FALL 2 benötigt wegen der in 5.3.2 besprochenen Gründe einen Voreilwinkel $\beta > 0$. Er läßt sich nach
der Gleichung (5/12) bzw. (5/13) mit dem kleineren der beiden
Radien R_B und R_N errechnen. Dieser Sachverhalt kommt in den
Knicken der Kurvenverläufe in Bild 5-38 oben zum Ausdruck. Ist
$R_B < R_N$, dann ist $\beta_{krit} = f(R_B)$. Mit zunehmendem Radius R_B
wird β_{krit} kleiner und die Überdeckung 1 größer, bis schließlich der Radius R_B gleich dem Radius R_N ist und optimale Überdeckung erreicht wird. Mit noch größer werdendem Radius R_B ist
$\beta_{krit} = f(R_N) = const$ und die Überdeckung nimmt wieder zu
einem Grenzwert hin ab.

Entspricht die Flächenform dem FALL 3 bzw. FALL 4, so ist der
Voreilwinkel entsprechend dem Radius in Richtung der konkaven
Flächenkrümmung zu berechnen.

Die Frage, in welche Richtung gefräst werden soll, um eine möglichst große Überdeckung zu erreichen, läßt sich für FALL 1 und
FALL 2 und die Bereiche $5 \leqq R_B/d \leqq 200$ und $5 \leqq R_N/d \leqq 200$ anhand der Bilder 5-38 und 5-39 beantworten.

Die Überdeckung l_1, die sich ergibt, wenn der größere Krümmungsradius R_1 für den Bahnradius R_B angenommen wird, läßt sich
vergleichen mit der Überdeckung l_2. Sie ergibt sich, wenn der
kleinere Krümmungsradius R_2 als Bahnradius R_B gesetzt wird.

Ist $l_1 > l_2$, dann ist in Richtung des größeren Krümmungsradius
R_1 zu fräsen, und wenn $l_1 < l_2$, dann in Richtung des kleineren
Radius R_2.

In den Diagrammen der Bilder 5-38 und 5-39 wurde ein Beispiel
für $R_1/d = 60$ und $R_2/d = 30$ gestrichelt markiert.

Für den Fall: "konvexe Fläche" ist $l_1 < l_2$. Die Fräsbahn ist daher vorteilhaft in Richtung des kleineren Flächenradius R_2 zu legen.

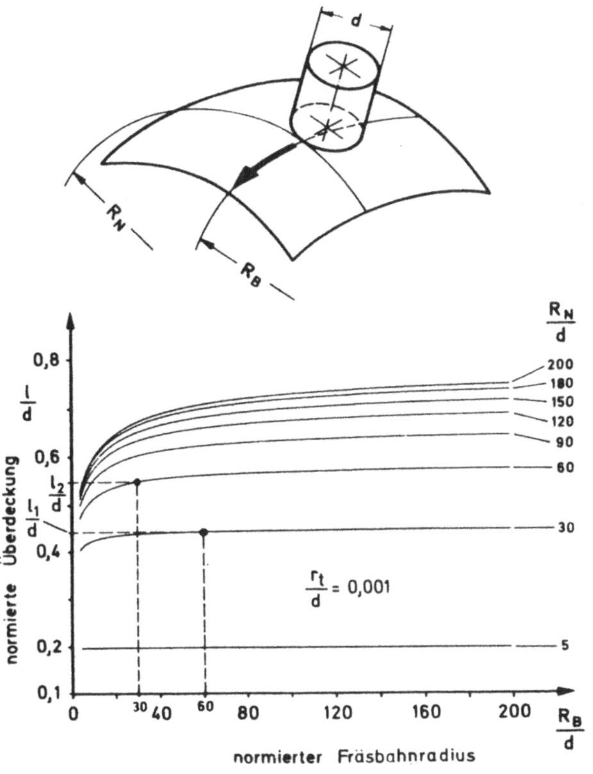

Bild 5-39: Abhängigkeit der Überdeckung von der lokalen Flächenform (konvexe Fläche, FALL 1)

Dieses für das gewählte Beispiel zutreffende Ergebnis kann für beliebig gewählte Radien R_1 und R_2 in den oben genannten Radienbereichen bestätigt und daher verallgemeinert werden.

Diese Art der Bestätigung ist jedoch sehr mühsam und außerdem nur für einen kleinen Radiusbereich durchführbar. Es ist daher sinnvoll, die Überdeckungsvergleiche mit dem Digitalrechner auszuführen, die Ergebnisse in einer quadratischen Matrix einzutragen und diese zur Beurteilung übersichtlich auszudrucken (Bild 5-40). Die Vergleichsergebnisse sind entweder 0, 1 oder 2.

MATRIX DER UEBERDECKUNGSVERGLEICHE FUER FALL 2   RT/D = .00100

MN/D																																																												
2	2	1	1	1	1	1	1	1	1	1	1	1	1	1	1	1	1	1	1	1	1	1	1	1	1	1	1	1	1	1	1	1	1	1	1	1	1	1	1	1	1	1	1	1	1	1	1	1	1	1	1	1	1	1	1	1	1	1	1	1
3	0	2	1	1	1	1	1	1	1	1	1	1	1	1	1	1	1	1	1	1	1	1	1	1	1	1	1	1	1	1	1	1	1	1	1	1	1	1	1	1	1	1	1	1	1	1	1	1	1	1	1	1	1	1	1	1	1	1	1	1
4	0	0	2	1	1	1	1	1	1	1	1	1	1	1	1	1	1	1	1	1	1	1	1	1	1	1	1	1	1	1	1	1	1	1	1	1	1	1	1	1	1	1	1	1	1	1	1	1	1	1	1	1	1	1	1	1	1	1	1	1
5	0	0	0	2	1	1	1	1	1	1	1	1	1	1	1	1	1	1	1	1	1	1	1	1	1	1	1	1	1	1	1	1	1	1	1	1	1	1	1	1	1	1	1	1	1	1	1	1	1	1	1	1	1	1	1	1	1	1	1	1
6	0	0	0	0	2	1	1	1	1	1	1	1	1	1	1	1	1	1	1	1	1	1	1	1	1	1	1	1	1	1	1	1	1	1	1	1	1	1	1	1	1	1	1	1	1	1	1	1	1	1	1	1	1	1	1	1	1	1	1	1
7	0	0	0	0	0	2	1	1	1	1	1	1	1	1	1	1	1	1	1	1	1	1	1	1	1	1	1	1	1	1	1	1	1	1	1	1	1	1	1	1	1	1	1	1	1	1	1	1	1	1	1	1	1	1	1	1	1	1	1	1
8	0	0	0	0	0	0	2	1	1	1	1	1	1	1	1	1	1	1	1	1	1	1	1	1	1	1	1	1	1	1	1	1	1	1	1	1	1	1	1	1	1	1	1	1	1	1	1	1	1	1	1	1	1	1	1	1	1	1	1	1
9	0	0	0	0	0	0	0	2	1	1	1	1	1	1	1	1	1	1	1	1	1	1	1	1	1	1	1	1	1	1	1	1	1	1	1	1	1	1	1	1	1	1	1	1	1	1	1	1	1	1	1	1	1	1	1	1	1	1	1	1
10	0	0	0	0	0	0	0	0	2	1	1	1	1	1	1	1	1	1	1	1	1	1	1	1	1	1	1	1	1	1	1	1	1	1	1	1	1	1	1	1	1	1	1	1	1	1	1	1	1	1	1	1	1	1	1	1	1	1	1	1
12	0	0	0	0	0	0	0	0	0	2	1	1	1	1	1	1	1	1	1	1	1	1	1	1	1	1	1	1	1	1	1	1	1	1	1	1	1	1	1	1	1	1	1	1	1	1	1	1	1	1	1	1	1	1	1	1	1	1	1	1
14	0	0	0	0	0	0	0	0	0	0	2	1	1	1	1	1	1	1	1	1	1	1	1	1	1	1	1	1	1	1	1	1	1	1	1	1	1	1	1	1	1	1	1	1	1	1	1	1	1	1	1	1	1	1	1	1	1	1	1	1
16	0	0	0	0	0	0	0	0	0	0	0	2	1	1	1	1	1	1	1	1	1	1	1	1	1	1	1	1	1	1	1	1	1	1	1	1	1	1	1	1	1	1	1	1	1	1	1	1	1	1	1	1	1	1	1	1	1	1	1	1
18	0	0	0	0	0	0	0	0	0	0	0	0	2	1	1	1	1	1	1	1	1	1	1	1	1	1	1	1	1	1	1	1	1	1	1	1	1	1	1	1	1	1	1	1	1	1	1	1	1	1	1	1	1	1	1	1	1	1	1	1
20	0	0	0	0	0	0	0	0	0	0	0	0	0	2	1	1	1	1	1	1	1	1	1	1	1	1	1	1	1	1	1	1	1	1	1	1	1	1	1	1	1	1	1	1	1	1	1	1	1	1	1	1	1	1	1	1	1	1	1	1
22	0	0	0	0	0	0	0	0	0	0	0	0	0	0	2	1	1	1	1	1	1	1	1	1	1	1	1	1	1	1	1	1	1	1	1	1	1	1	1	1	1	1	1	1	1	1	1	1	1	1	1	1	1	1	1	1	1	1	1	1
24	0	0	0	0	0	0	0	0	0	0	0	0	0	0	0	2	1	1	1	1	1	1	1	1	1	1	1	1	1	1	1	1	1	1	1	1	1	1	1	1	1	1	1	1	1	1	1	1	1	1	1	1	1	1	1	1	1	1	1	1
26	0	0	0	0	0	0	0	0	0	0	0	0	0	0	0	0	2	1	1	1	1	1	1	1	1	1	1	1	1	1	1	1	1	1	1	1	1	1	1	1	1	1	1	1	1	1	1	1	1	1	1	1	1	1	1	1	1	1	1	1
28	0	0	0	0	0	0	0	0	0	0	0	0	0	0	0	0	0	2	1	1	1	1	1	1	1	1	1	1	1	1	1	1	1	1	1	1	1	1	1	1	1	1	1	1	1	1	1	1	1	1	1	1	1	1	1	1	1	1	1	1
30	0	0	0	0	0	0	0	0	0	0	0	0	0	0	0	0	0	0	2	1	1	1	1	1	1	1	1	1	1	1	1	1	1	1	1	1	1	1	1	1	1	1	1	1	1	1	1	1	1	1	1	1	1	1	1	1	1	1	1	1
35	0	0	0	0	0	0	0	0	0	0	0	0	0	0	0	0	0	0	0	2	1	1	1	1	1	1	1	1	1	1	1	1	1	1	1	1	1	1	1	1	1	1	1	1	1	1	1	1	1	1	1	1	1	1	1	1	1	1	1	1
40	0	0	0	0	0	0	0	0	0	0	0	0	0	0	0	0	0	0	0	0	2	1	1	1	1	1	1	1	1	1	1	1	1	1	1	1	1	1	1	1	1	1	1	1	1	1	1	1	1	1	1	1	1	1	1	1	1	1	1	1
45	0	0	0	0	0	0	0	0	0	0	0	0	0	0	0	0	0	0	0	0	0	2	1	1	1	1	1	1	1	1	1	1	1	1	1	1	1	1	1	1	1	1	1	1	1	1	1	1	1	1	1	1	1	1	1	1	1	1	1	1
50	0	0	0	0	0	0	0	0	0	0	0	0	0	0	0	0	0	0	0	0	0	0	2	1	1	1	1	1	1	1	1	1	1	1	1	1	1	1	1	1	1	1	1	1	1	1	1	1	1	1	1	1	1	1	1	1	1	1	1	1
55	0	0	0	0	0	0	0	0	0	0	0	0	0	0	0	0	0	0	0	0	0	0	0	2	1	1	1	1	1	1	1	1	1	1	1	1	1	1	1	1	1	1	1	1	1	1	1	1	1	1	1	1	1	1	1	1	1	1	1	1
60	0	0	0	0	0	0	0	0	0	0	0	0	0	0	0	0	0	0	0	0	0	0	0	0	2	1	1	1	1	1	1	1	1	1	1	1	1	1	1	1	1	1	1	1	1	1	1	1	1	1	1	1	1	1	1	1	1	1	1	1
65	0	0	0	0	0	0	0	0	0	0	0	0	0	0	0	0	0	0	0	0	0	0	0	0	0	2	1	1	1	1	1	1	1	1	1	1	1	1	1	1	1	1	1	1	1	1	1	1	1	1	1	1	1	1	1	1	1	1	1	1
70	0	0	0	0	0	0	0	0	0	0	0	0	0	0	0	0	0	0	0	0	0	0	0	0	0	0	2	1	1	1	1	1	1	1	1	1	1	1	1	1	1	1	1	1	1	1	1	1	1	1	1	1	1	1	1	1	1	1	1	1
75	0	0	0	0	0	0	0	0	0	0	0	0	0	0	0	0	0	0	0	0	0	0	0	0	0	0	0	2	1	1	1	1	1	1	1	1	1	1	1	1	1	1	1	1	1	1	1	1	1	1	1	1	1	1	1	1	1	1	1	1
80	0	0	0	0	0	0	0	0	0	0	0	0	0	0	0	0	0	0	0	0	0	0	0	0	0	0	0	0	2	1	1	1	1	1	1	1	1	1	1	1	1	1	1	1	1	1	1	1	1	1	1	1	1	1	1	1	1	1	1	1
85	0	0	0	0	0	0	0	0	0	0	0	0	0	0	0	0	0	0	0	0	0	0	0	0	0	0	0	0	0	2	1	1	1	1	1	1	1	1	1	1	1	1	1	1	1	1	1	1	1	1	1	1	1	1	1	1	1	1	1	1
90	0	0	0	0	0	0	0	0	0	0	0	0	0	0	0	0	0	0	0	0	0	0	0	0	0	0	0	0	0	0	2	1	1	1	1	1	1	1	1	1	1	1	1	1	1	1	1	1	1	1	1	1	1	1	1	1	1	1	1	1
95	0	0	0	0	0	0	0	0	0	0	0	0	0	0	0	0	0	0	0	0	0	0	0	0	0	0	0	0	0	0	0	2	2	1	1	1	1	1	1	1	1	1	1	1	1	1	1	1	1	1	1	1	1	1	1	1	1	1	1	1
100	0	0	0	0	0	0	0	0	0	0	0	0	0	0	0	0	0	0	0	0	0	0	0	0	0	0	0	0	0	0	0	2	2	2	1	1	1	1	1	1	1	1	1	1	1	1	1	1	1	1	1	1	1	1	1	1	1	1	1	1
105	0	0	0	0	0	0	0	0	0	0	0	0	0	0	0	0	0	0	0	0	0	0	0	0	0	0	0	0	0	0	0	0	2	2	2	1	1	1	1	1	1	1	1	1	1	1	1	1	1	1	1	1	1	1	1	1	1	1	1	1
110	0	0	0	0	0	0	0	0	0	0	0	0	0	0	0	0	0	0	0	0	0	0	0	0	0	0	0	0	0	0	0	0	0	2	2	2	1	1	1	1	1	1	1	1	1	1	1	1	1	1	1	1	1	1	1	1	1	1	1	1
115	0	0	0	0	0	0	0	0	0	0	0	0	0	0	0	0	0	0	0	0	0	0	0	0	0	0	0	0	0	0	0	0	0	0	2	2	2	1	1	1	1	1	1	1	1	1	1	1	1	1	1	1	1	1	1	1	1	1	1	1
120	0	0	0	0	0	0	0	0	0	0	0	0	0	0	0	0	0	0	0	0	0	0	0	0	0	0	0	0	0	0	0	0	0	0	0	2	2	2	1	1	1	1	1	1	1	1	1	1	1	1	1	1	1	1	1	1	1	1	1	1
125	0	0	0	0	0	0	0	0	0	0	0	0	0	0	0	0	0	0	0	0	0	0	0	0	0	0	0	0	0	0	0	0	0	0	0	0	2	2	2	1	1	1	1	1	1	1	1	1	1	1	1	1	1	1	1	1	1	1	1	1
130	0	0	0	0	0	0	0	0	0	0	0	0	0	0	0	0	0	0	0	0	0	0	0	0	0	0	0	0	0	0	0	0	0	0	0	0	0	2	2	2	2	1	1	1	1	1	1	1	1	1	1	1	1	1	1	1	1	1	1	1
135	0	0	0	0	0	0	0	0	0	0	0	0	0	0	0	0	0	0	0	0	0	0	0	0	0	0	0	0	0	0	0	0	0	0	0	0	0	0	2	2	2	1	1	1	1	1	1	1	1	1	1	1	1	1	1	1	1	1	1	1
140	0	0	0	0	0	0	0	0	0	0	0	0	0	0	0	0	0	0	0	0	0	0	0	0	0	0	0	0	0	0	0	0	0	0	0	0	0	0	2	2	2	?	1	1	1	1	1	1	1	1	1	1	1	1	1	1	1	1	1	1
150	0	0	0	0	0	0	0	0	0	0	0	0	0	0	0	0	0	0	0	0	0	0	0	0	0	0	0	0	0	0	0	0	0	0	0	0	0	0	0	0	2	?	2	1	1	1	1	1	1	1	1	1	1	1	1	1	1	1	1	1
160	0	0	0	0	0	0	0	0	0	0	0	0	0	0	0	0	0	0	0	0	0	0	0	0	0	0	0	0	0	0	0	0	0	0	0	0	0	0	0	0	0	?	2	2	1	1	1	1	1	1	1	1	1	1	1	1	1	1	1	1
170	0	0	0	0	0	0	0	0	0	0	0	0	0	0	0	0	0	0	0	0	0	0	0	0	0	0	0	0	0	0	0	0	0	0	0	0	0	0	0	0	0	0	2	2	2	1	1	1	1	1	1	1	1	1	1	1	1	1	1	1
180	0	0	0	0	0	0	0	0	0	0	0	0	0	0	0	0	0	0	0	0	0	0	0	0	0	0	0	0	0	0	0	0	0	0	0	0	0	0	0	0	0	0	0	2	2	2	2	1	1	1	1	1	1	1	1	1	1	1	1	1
190	0	0	0	0	0	0	0	0	0	0	0	0	0	0	0	0	0	0	0	0	0	0	0	0	0	0	0	0	0	0	0	0	0	0	0	0	0	0	0	0	0	0	0	0	2	2	2	2	1	1	1	1	1	1	1	1	1	1	1	1
200	0	0	0	0	0	0	0	0	0	0	0	0	0	0	0	0	0	0	0	0	0	0	0	0	0	0	0	0	0	0	0	0	0	0	0	0	0	0	0	0	0	0	0	0	2	2	2	2	2	1	1	1	1	1	1	1	1	1	1	1
210	0	0	0	0	0	0	0	0	0	0	0	0	0	0	0	0	0	0	0	0	0	0	0	0	0	0	0	0	0	0	0	0	0	0	0	0	0	0	0	0	0	0	0	0	0	2	2	2	2	1	1	1	1	1	1	1	1	1	1	1
220	0	0	0	0	0	0	0	0	0	0	0	0	0	0	0	0	0	0	0	0	0	0	0	0	0	0	0	0	0	0	0	0	0	0	0	0	0	0	0	0	0	0	0	0	0	0	2	2	2	1	1	1	1	1	1	1	1	1	1	1
[illegible]	0	0	0	0	0	0	0	0	0	0	0	0	0	0	0	0	0	0	0	0	0	0	0	0	0	0	0	0	0	0	0	0	0	0	0	0	0	0	0	0	0	0	0	0	0	0	0	0	0	2	2	1	1	1	1	1	1	1	1	1
300	0	0	0	0	0	0	0	0	0	0	0	0	0	0	0	0	0	0	0	0	0	0	0	0	0	0	0	0	0	0	0	0	0	0	0	0	0	0	0	0	0	0	0	0	0	0	0	0	0	2	2	1	1	1	1	1	1	1	1	1
400	0	0	0	0	0	0	0	0	0	0	0	0	0	0	0	0	0	0	0	0	0	0	0	0	0	0	0	0	0	0	0	0	0	0	0	0	0	0	0	0	0	0	0	0	0	0	0	0	0	0	0	2	2	1	1	1	1	1	1	1
500	0	0	0	0	0	0	0	0	0	0	0	0	0	0	0	0	0	0	0	0	0	0	0	0	0	0	0	0	0	0	0	0	0	0	0	0	0	0	0	0	0	0	0	0	0	0	0	0	0	0	0	2	2	2	2	1	1	1	1	1
600	0	0	0	0	0	0	0	0	0	0	0	0	0	0	0	0	0	0	0	0	0	0	0	0	0	0	0	0	0	0	0	0	0	0	0	0	0	0	0	0	0	0	0	0	0	0	0	0	0	0	0	0	2	2	2	2	2	1	1	1
700	0	0	0	0	0	0	0	0	0	0	0	0	0	0	0	0	0	0	0	0	0	0	0	0	0	0	0	0	0	0	0	0	0	0	0	0	0	0	0	0	0	0	0	0	0	0	0	0	0	0	0	0	2	2	2	2	2	2	2	1
800	0	0	0	0	0	0	0	0	0	0	0	0	0	0	0	0	0	0	0	0	0	0	0	0	0	0	0	0	0	0	0	0	0	0	0	0	0	0	0	0	0	0	0	0	0	0	0	0	0	0	0	0	0	2	2	2	2	2	2	2
900	0	0	0	0	0	0	0	0	0	0	0	0	0	0	0	0	0	0	0	0	0	0	0	0	0	0	0	0	0	0	0	0	0	0	0	0	0	0	0	0	0	0	0	0	0	0	0	0	0	0	0	0	0	2	2	2	2	2	2	2
1000	0	0	0	0	0	0	0	0	0	0	0	0	0	0	0	0	0	0	0	0	0	0	0	0	0	0	0	0	0	0	0	0	0	0	0	0	0	0	0	0	0	0	0	0	0	0	0	0	0	0	0	0	0	0	2	2	2	2	2	2
1100	0	0	0	0	0	0	0	0	0	0	0	0	0	0	0	0	0	0	0	0	0	0	0	0	0	0	0	0	0	0	0	0	0	0	0	0	0	0	0	0	0	0	0	0	0	0	0	0	0	0	0	0	0	0	2	2	2	2	2	2
[illegible]	0	0	0	0	0	0	0	0	0	0	0	0	0	0	0	0	0	0	0	0	0	0	0	0	0	0	0	0	0	0	0	0	0	0	0	0	0	0	0	0	0	0	0	0	0	0	0	0	0	0	0	0	0	0	0	2	2	2	2	2

<u>Bild 5-40</u>: Matrix der Überdeckungsvergleiche für konkave Fläche (FALL 2) und die normierte Rillentiefe $r_t/d = 0{,}001$

Die Zahl 0 bedeutet: die gewählte Fräsrichtung ist nicht die
optimale, die Zahl 1: die gewählte Fräsrichtung ergibt die
größere Überdeckung, und die Zahl 2: die Überdeckungen l_1 und
l_2 sind innerhalb einer vorgegebenen Toleranz gleich.

Den Zeilen und Spalten der Matrix sind bestimmte normierte Radien zwischen 2 und 1200 zugeordnet, den Zeilen R_N/d-Werte
(Bild 5-40, links) und den Spalten R_B/d-Werte. Die Radienwerte
entsprechender Zeilen und Spalten sind gleich, damit sich der
Übersicht wegen eine quadratische Matrix ergibt.

In der Regel ergibt sich eine Matrixhälfte, deren Elemente alle
0, und eine, deren Elemente alle 1 sind. Die Elemente der Diagonalen müssen alle 2 sein, da für sie jeweils $R_B = R_N$ gilt
und sich unabhängig von der Fräsrichtung die gleiche Überdek-
kung ergibt.

Sind die Elemente der rechten oberen Matrixhälfte alle 1, wie
etwa in Bild 5-40, so bedeutet dies: die Fräsrichtung ist in
Richtung des größeren Flächenradius ($R_B = R_1$) zu legen. Sind
sie dagegen alle 0, so bedeutet dies: die Fräsrichtung ist in
Richtung des kleineren Flächenradius ($R_B = R_2$) zu legen.

Die Tatsache, daß für große Radien ($R_N \geqq 100$) nicht nur die
Elemente der Diagonalen mit Zweiern belegt werden, sondern
auch einige wenige danebenliegende Elemente, ist die Folge der
relativ großen Toleranzschranke ε ($\varepsilon = 0{,}01$) für die Überdek-
kungsvergleiche. Solange sich die Überdeckungen der beiden
möglichen Fräsrichtungen nicht um mehr als ε unterscheiden,
setzt der Rechner eine 2 für das entsprechende Element. Tritt
optimale Überdeckung auf, so wird dies dadurch deutlich, daß
viele Elemente neben denen in der Diagonale mit der 2 belegt
sind. Das Bild 5-41 zeigt den Ausdruck einer solchen Matrix.
Ihre übersichtliche Darstellung erlaubt eine sehr einfache und
schnelle Auswertung.

MATRIX DER UEBERDECKUNGSVERGLEICHE FUER FALL 2   RT/D = .00500

RW/D																																																												
2	2	1	1	1	1	1	1	1	1	1	1	1	1	1	1	1	1	1	1	1	1	1	1	1	1	1	1	1	1	1	1	1	1	1	1	1	1	1	1	1	1	1	1	1	1	1	1	1	1	1	1	1	1	1	1	1	1	1	1	1
3	0	2	1	1	1	1	1	1	1	1	1	1	1	1	1	1	1	1	1	1	1	1	1	1	1	1	1	1	1	1	1	1	1	1	1	1	1	1	1	1	1	1	1	1	1	1	1	1	1	1	1	1	1	1	1	1	1	1	1	1
4	0	0	2	1	1	1	1	1	1	1	1	1	1	1	1	1	1	1	1	1	1	1	1	1	1	1	1	1	1	1	1	1	1	1	1	1	1	1	1	1	1	1	1	1	1	1	1	1	1	1	1	1	1	1	1	1	1	1	1	1
5	0	0	0	2	1	1	1	1	1	1	1	1	1	1	1	1	1	1	1	1	1	1	1	1	1	1	1	1	1	1	1	1	1	1	1	1	1	1	1	1	1	1	1	1	1	1	1	1	1	1	1	1	1	1	1	1	1	1	1	1
6	0	0	0	0	2	2	1	1	1	1	1	1	1	1	1	1	1	1	1	1	1	1	1	1	1	1	1	1	1	1	1	1	1	1	1	1	1	1	1	1	1	1	1	1	1	1	1	1	1	1	1	1	1	1	1	1	1	1	1	1
7	0	0	0	0	2	2	2	1	1	1	1	1	1	1	1	1	1	1	1	1	1	1	1	1	1	1	1	1	1	1	1	1	1	1	1	1	1	1	1	1	1	1	1	1	1	1	1	1	1	1	1	1	1	1	1	1	1	1	1	1
8	0	0	0	0	0	2	2	2	2	1	1	1	1	1	1	1	1	1	1	1	1	1	1	1	1	1	1	1	1	1	1	1	1	1	1	1	1	1	1	1	1	1	1	1	1	1	1	1	1	1	1	1	1	1	1	1	1	1	1	1
9	0	0	0	0	0	0	2	2	2	1	1	1	1	1	1	1	1	1	1	1	1	1	1	1	1	1	1	1	1	1	1	1	1	1	1	1	1	1	1	1	1	1	1	1	1	1	1	1	1	1	1	1	1	1	1	1	1	1	1	1
10	0	0	0	0	0	0	2	2	2	2	1	1	1	1	1	1	1	1	1	1	1	1	1	1	1	1	1	1	1	1	1	1	1	1	1	1	1	1	1	1	1	1	1	1	1	1	1	1	1	1	1	1	1	1	1	1	1	1	1	1
12	0	0	0	0	0	0	0	0	2	2	2	2	1	1	1	1	1	1	1	1	1	1	1	1	1	1	1	1	1	1	1	1	1	1	1	1	1	1	1	1	1	1	1	1	1	1	1	1	1	1	1	1	1	1	1	1	1	1	1	1
14	0	0	0	0	0	0	0	0	0	2	2	2	2	2	2	1	1	1	1	1	1	1	1	1	1	1	1	1	1	1	1	1	1	1	1	1	1	1	1	1	1	1	1	1	1	1	1	1	1	1	1	1	1	1	1	1	1	1	1	1
16	0	0	0	0	0	0	0	0	0	2	2	2	2	2	2	2	2	1	1	1	1	1	1	1	1	1	1	1	1	1	1	1	1	1	1	1	1	1	1	1	1	1	1	1	1	1	1	1	1	1	1	1	1	1	1	1	1	1	1	1
18	0	0	0	0	0	0	0	0	0	0	2	2	2	2	2	2	2	2	2	1	1	1	1	1	1	1	1	1	1	1	1	1	1	1	1	1	1	1	1	1	1	1	1	1	1	1	1	1	1	1	1	1	1	1	1	1	1	1	1	1
20	0	0	0	0	0	0	0	0	0	0	2	2	2	2	2	2	2	2	2	2	2	1	1	1	1	1	1	1	1	1	1	1	1	1	1	1	1	1	1	1	1	1	1	1	1	1	1	1	1	1	1	1	1	1	1	1	1	1	1	1
22	0	0	0	0	0	0	0	0	0	0	2	2	2	2	2	2	2	2	2	2	2	2	2	1	1	1	1	1	1	1	1	1	1	1	1	1	1	1	1	1	1	1	1	1	1	1	1	1	1	1	1	1	1	1	1	1	1	1	1	1
24	0	0	0	0	0	0	0	0	0	0	0	2	2	2	2	2	2	2	2	2	2	2	2	2	2	1	1	1	1	1	1	1	1	1	1	1	1	1	1	1	1	1	1	1	1	1	1	1	1	1	1	1	1	1	1	1	1	1	1	1
26	0	0	0	0	0	0	0	0	0	0	0	2	2	2	2	2	2	2	2	2	2	2	2	2	2	2	2	2	2	1	1	1	1	1	1	1	1	1	1	1	1	1	1	1	1	1	1	1	1	1	1	1	1	1	1	1	1	1	1	1
28	0	0	0	0	0	0	0	0	0	0	0	0	2	2	2	2	2	2	2	2	2	2	2	2	2	2	2	2	2	2	2	2	2	1	1	1	1	1	1	1	1	1	1	1	1	1	1	1	1	1	1	1	1	1	1	1	1	1	1	1
30	0	0	0	0	0	0	0	0	0	0	0	0	2	2	2	2	2	2	2	2	2	2	2	2	2	2	2	2	2	2	2	2	2	2	2	2	2	2	2	2	1	1	1	1	1	1	1	1	1	1	1	1	1	1	1	1	1	1	1	1
35	0	0	0	0	0	0	0	0	0	0	0	0	0	2	2	2	2	2	2	2	2	2	2	2	2	2	2	2	2	2	2	2	2	2	2	2	2	2	2	2	2	2	2	2	2	2	2	2	2	2	2	1	1	1	1	1	1	1	1	1
40	0	0	0	0	0	0	0	0	0	0	0	0	0	2	2	2	2	2	2	2	2	2	2	2	2	2	2	2	2	2	2	2	2	2	2	2	2	2	2	2	2	2	2	2	2	2	2	2	2	2	2	2	2	2	2	2	2	2	2	2
45	0	0	0	0	0	0	0	0	0	0	0	0	0	0	2	2	2	2	2	2	2	2	2	2	2	2	2	2	2	2	2	2	2	2	2	2	2	2	2	2	2	2	2	2	2	2	2	2	2	2	2	2	2	2	2	2	2	2	2	2
50	0	0	0	0	0	0	0	0	0	0	0	0	0	0	2	2	2	2	2	2	2	2	2	2	2	2	2	2	2	2	2	2	2	2	2	2	2	2	2	2	2	2	2	2	2	2	2	2	2	2	2	2	2	2	2	2	2	2	2	2
55	0	0	0	0	0	0	0	0	0	0	0	0	0	0	0	2	2	2	2	2	2	2	2	2	2	2	2	2	2	2	2	2	2	2	2	2	2	2	2	2	2	2	2	2	2	2	2	2	2	2	2	2	2	2	2	2	2	2	2	2
60	0	0	0	0	0	0	0	0	0	0	0	0	0	0	0	2	2	2	2	2	2	2	2	2	2	2	2	2	2	2	2	2	2	2	2	2	2	2	2	2	2	2	2	2	2	2	2	2	2	2	2	2	2	2	2	2	2	2	2	2
65	0	0	0	0	0	0	0	0	0	0	0	0	0	0	0	0	2	2	2	2	2	2	2	2	2	2	2	2	2	2	2	2	2	2	2	2	2	2	2	2	2	2	2	2	2	2	2	2	2	2	2	2	2	2	2	2	2	2	2	2
70	0	0	0	0	0	0	0	0	0	0	0	0	0	0	0	0	2	2	2	2	2	2	2	2	2	2	2	2	2	2	2	2	2	2	2	2	2	2	2	2	2	2	2	2	2	2	2	2	2	2	2	2	2	2	2	2	2	2	2	2
75	0	0	0	0	0	0	0	0	0	0	0	0	0	0	0	0	2	2	2	2	2	2	2	2	2	2	2	2	2	2	2	2	2	2	2	2	2	2	2	2	2	2	2	2	2	2	2	2	2	2	2	2	2	2	2	2	2	2	2	2
80	0	0	0	0	0	0	0	0	0	0	0	0	0	0	0	0	2	2	2	2	2	2	2	2	2	2	2	2	2	2	2	2	2	2	2	2	2	2	2	2	2	2	2	2	2	2	2	2	2	2	2	2	2	2	2	2	2	2	2	2
85	0	0	0	0	0	0	0	0	0	0	0	0	0	0	0	0	0	2	2	2	2	2	2	2	2	2	2	2	2	2	2	2	2	2	2	2	2	2	2	2	2	2	2	2	2	2	2	2	2	2	2	2	2	2	2	2	2	2	2	2
90	0	0	0	0	0	0	0	0	0	0	0	0	0	0	0	0	0	2	2	2	2	2	2	2	2	2	2	2	2	2	2	2	2	2	2	2	2	2	2	2	2	2	2	2	2	2	2	2	2	2	2	2	2	2	2	2	2	2	2	2
95	0	0	0	0	0	0	0	0	0	0	0	0	0	0	0	0	0	2	2	2	2	2	2	2	2	2	2	2	2	2	2	2	2	2	2	2	2	2	2	2	2	2	2	2	2	2	2	2	2	2	2	2	2	2	2	2	2	2	2	2
100	0	0	0	0	0	0	0	0	0	0	0	0	0	0	0	0	0	2	2	2	2	2	2	2	2	2	2	2	2	2	2	2	2	2	2	2	2	2	2	2	2	2	2	2	2	2	2	2	2	2	2	2	2	2	2	2	2	2	2	2
105	0	0	0	0	0	0	0	0	0	0	0	0	0	0	0	0	0	0	2	2	2	2	2	2	2	2	2	2	2	2	2	2	2	2	2	2	2	2	2	2	2	2	2	2	2	2	2	2	2	2	2	2	2	2	2	2	2	2	2	2
110	0	0	0	0	0	0	0	0	0	0	0	0	0	0	0	0	0	0	2	2	2	2	2	2	2	2	2	2	2	2	2	2	2	2	2	2	2	2	2	2	2	2	2	2	2	2	2	2	2	2	2	2	2	2	2	2	2	2	2	2
115	0	0	0	0	0	0	0	0	0	0	0	0	0	0	0	0	0	0	2	2	2	2	2	2	2	2	2	2	2	2	2	2	2	2	2	2	2	2	2	2	2	2	2	2	2	2	2	2	2	2	2	2	2	2	2	2	2	2	2	2
120	0	0	0	0	0	0	0	0	0	0	0	0	0	0	0	0	0	0	2	2	2	2	2	2	2	2	2	2	2	2	2	2	2	2	2	2	2	2	2	2	2	2	2	2	2	2	2	2	2	2	2	2	2	2	2	2	2	2	2	2
125	0	0	0	0	0	0	0	0	0	0	0	0	0	0	0	0	0	0	2	2	2	2	2	2	2	2	2	2	2	2	2	2	2	2	2	2	2	2	2	2	2	2	2	2	2	2	2	2	2	2	2	2	2	2	2	2	2	2	2	2
130	0	0	0	0	0	0	0	0	0	0	0	0	0	0	0	0	0	0	2	2	2	2	2	2	2	2	2	2	2	2	2	2	2	2	2	2	2	2	2	2	2	2	2	2	2	2	2	2	2	2	2	2	2	2	2	2	2	2	2	2
135	0	0	0	0	0	0	0	0	0	0	0	0	0	0	0	0	0	0	2	2	2	2	2	2	2	2	2	2	2	2	2	2	2	2	2	2	2	2	2	2	2	2	2	2	2	2	2	2	2	2	2	2	2	2	2	2	2	2	2	2
140	0	0	0	0	0	0	0	0	0	0	0	0	0	0	0	0	0	0	0	2	2	2	2	2	2	2	2	2	2	2	2	2	2	2	2	2	2	2	2	2	2	2	2	2	2	2	2	2	2	2	2	2	2	2	2	2	2	2	2	2
150	0	0	0	0	0	0	0	0	0	0	0	0	0	0	0	0	0	0	0	2	2	2	2	2	2	2	2	2	2	2	2	2	2	2	2	2	2	2	2	2	2	2	2	2	2	2	2	2	2	2	2	2	2	2	2	2	2	2	2	2
160	0	0	0	0	0	0	0	0	0	0	0	0	0	0	0	0	0	0	0	2	2	2	2	2	2	2	2	2	2	2	2	2	2	2	2	2	2	2	2	2	2	2	2	2	2	2	2	2	2	2	2	2	2	2	2	2	2	2	2	2
170	0	0	0	0	0	0	0	0	0	0	0	0	0	0	0	0	0	0	0	2	2	2	2	2	2	2	2	2	2	2	2	2	2	2	2	2	2	2	2	2	2	2	2	2	2	2	2	2	2	2	2	2	2	2	2	2	2	2	2	2
180	0	0	0	0	0	0	0	0	0	0	0	0	0	0	0	0	0	0	0	2	2	2	2	2	2	2	2	2	2	2	2	2	2	2	2	2	2	2	2	2	2	2	2	2	2	2	2	2	2	2	2	2	2	2	2	2	2	2	2	2
190	0	0	0	0	0	0	0	0	0	0	0	0	0	0	0	0	0	0	0	2	2	2	2	2	2	2	2	2	2	2	2	2	2	2	2	2	2	2	2	2	2	2	2	2	2	2	2	2	2	2	2	2	2	2	2	2	2	2	2	2
200	0	0	0	0	0	0	0	0	0	0	0	0	0	0	0	0	0	0	0	2	2	2	2	2	2	2	2	2	2	2	2	2	2	2	2	2	2	2	2	2	2	2	2	2	2	2	2	2	2	2	2	2	2	2	2	2	2	2	2	2
210	0	0	0	0	0	0	0	0	0	0	0	0	0	0	0	0	0	0	0	2	2	2	2	2	2	2	2	2	2	2	2	2	2	2	2	2	2	2	2	2	2	2	2	2	2	2	2	2	2	2	2	2	2	2	2	2	2	2	2	2
220	0	0	0	0	0	0	0	0	0	0	0	0	0	0	0	0	0	0	0	2	2	2	2	2	2	2	2	2	2	2	2	2	2	2	2	2	2	2	2	2	2	2	2	2	2	2	2	2	2	2	2	2	2	2	2	2	2	2	2	2
240	0	0	0	0	0	0	0	0	0	0	0	0	0	0	0	0	0	0	0	2	2	2	2	2	2	2	2	2	2	2	2	2	2	2	2	2	2	2	2	2	2	2	2	2	2	2	2	2	2	2	2	2	2	2	2	2	2	2	2	2
300	0	0	0	0	0	0	0	0	0	0	0	0	0	0	0	0	0	0	0	2	2	2	2	2	2	2	2	2	2	2	2	2	2	2	2	2	2	2	2	2	2	2	2	2	2	2	2	2	2	2	2	2	2	2	2	2	2	2	2	2
400	0	0	0	0	0	0	0	0	0	0	0	0	0	0	0	0	0	0	0	0	2	2	2	2	2	2	2	2	2	2	2	2	2	2	2	2	2	2	2	2	2	2	2	2	2	2	2	2	2	2	2	2	2	2	2	2	2	2	2	2
500	0	0	0	0	0	0	0	0	0	0	0	0	0	0	0	0	0	0	0	0	2	2	2	2	2	2	2	2	2	2	2	2	2	2	2	2	2	2	2	2	2	2	2	2	2	2	2	2	2	2	2	2	2	2	2	2	2	2	2	2
600	0	0	0	0	0	0	0	0	0	0	0	0	0	0	0	0	0	0	0	0	2	2	2	2	2	2	2	2	2	2	2	2	2	2	2	2	2	2	2	2	2	2	2	2	2	2	2	2	2	2	2	2	2	2	2	2	2	2	2	2
700	0	0	0	0	0	0	0	0	0	0	0	0	0	0	0	0	0	0	0	0	2	2	2	2	2	2	2	2	2	2	2	2	2	2	2	2	2	2	2	2	2	2	2	2	2	2	2	2	2	2	2	2	2	2	2	2	2	2	2	2
800	0	0	0	0	0	0	0	0	0	0	0	0	0	0	0	0	0	0	0	0	2	2	2	2	2	2	2	2	2	2	2	2	2	2	2	2	2	2	2	2	2	2	2	2	2	2	2	2	2	2	2	2	2	2	2	2	2	2	2	2
900	0	0	0	0	0	0	0	0	0	0	0	0	0	0	0	0	0	0	0	0	2	2	2	2	2	2	2	2	2	2	2	2	2	2	2	2	2	2	2	2	2	2	2	2	2	2	2	2	2	2	2	2	2	2	2	2	2	2	2	2
1000	0	0	0	0	0	0	0	0	0	0	0	0	0	0	0	0	0	0	0	0	2	2	2	2	2	2	2	2	2	2	2	2	2	2	2	2	2	2	2	2	2	2	2	2	2	2	2	2	2	2	2	2	2	2	2	2	2	2	2	2
1100	0	0	0	0	0	0	0	0	0	0	0	0	0	0	0	0	0	0	0	0	2	2	2	2	2	2	2	2	2	2	2	2	2	2	2	2	2	2	2	2	2	2	2	2	2	2	2	2	2	2	2	2	2	2	2	2	2	2	2	2
1200	0	0	0	0	0	0	0	0	0	0	0	0	0	0	0	0	0	0	0	0	2	2	2	2	2	2	2	2	2	2	2	2	2	2	2	2	2	2	2	2	2	2	2	2	2	2	2	2	2	2	2	2	2	2	2	2	2	2	2	2

Bild 5–41: Matrix der Überdeckungsvergleiche für konkave Fläche (FALL 2) und die normierte Rillentiefe $r_t/d = 0{,}005$

Für R_B/d und $R_N/d > 40$ gibt es keine bevorzugte Fräsrichtung, und für $R_N/d < 40$ empfiehlt es sich, wieder in Richtung des größeren Flächenradius R_1 zu fräsen, insbesondere dann, wenn $R_1 \gg R_2$ ist.

Die Auswertung von Matrizenausdrucken für die verschiedenen Flächenformen (FALL 1, FALL 2 und FALL 3) und Rillentiefe ($0{,}0005 \leqq r_t/d \leqq 0{,}02$) ergab die Bestätigung der bereits aus den Diagrammen der Bilder ermittelten Aussagen.

Zusammenfassend gilt: Bei konvexen Flächen sind die Fräsbahnen in Richtung der größeren Krümmung und bei konkaven Flächen in Richtung der kleineren Krümmung zu legen. Für den Fall: konkave-konvexe Flächen ergeben sich die breitesten Fräsbahnen in Richtung des konvexen Flächenverlaufs. Damit lassen sich die gleichen Aussagen von Schwegler /49/ für den speziellen Fall: Kugelkopffräser verallgemeinern.

Eindrucksvoll lassen sich die Vorteile optimal gelegter Fräsbahnen an der bereits bekannten konvex-konkaven Testfläche demonstrieren. Bild 5-42 stellt zwei in unterschiedlich gelegenen Fräsbahnen fünfachsig bearbeitete Testflächen gegenüber. Die Fräsbahnenabstände wurden in beiden Fällen durch das in 5.2.5 beschriebene Rechenprogramm für eine maximale Rillentiefe von $r_t = 0{,}15$ mm berechnet.

Die Fläche links in Bild 5-42 wurde, wie bereits in 5.3.2.3 geschildert, ausschließlich in Richtung des gekrümmten Flächenverlaufs gefräst.

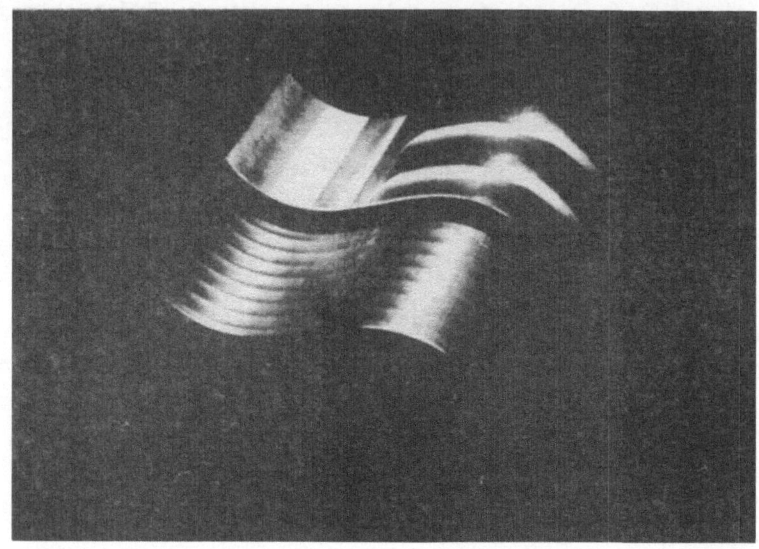

<u>Bild 5-42</u>: Fünfachsig gefräste Testflächen mit unterschied-
lichen Fräsbahnlagen

Demgegenüber wurde die Fläche rechts in Bild 5-42 in optimalen
Fräsbahnen bearbeitet. Im konvexen Flächenbereich liegen die
Fräsbahnen in Richtung des konvexen Flächenverlaufs, das heißt
in Richtung der größeren Krümmung, und im konkaven Flächenbe-
reich in Richtung quer zum konkaven Flächenverlauf, also in
Richtung kleinerer Krümmung.

Die Fläche mit den optimalen Fräsbahnlagen zeigt deutlich die
wesentlich breiteren Fräsbahnen.

Die Tabelle in Bild 5-43 stellt für einen quantitativen Vergleich der beiden Testbearbeitungen einige wichtige Daten
gegenüber. Zum Beispiel ist der Tabelle zu entnehmen, daß die
Bearbeitungszeit durch die optimale Anordnung der Fräsbahnen
auf rund 1/3 verringert werden konnte.

	Fräsbahnenlagen	
	(in eine Richtung) nicht optimal	(in zwei Richtungen) optimal
CLDATA - Sätze	2744	514
NC - Sätze	2116	578
Zeichenanzahl	65 637	18 744
Lochstreifenlänge	164 m	47 m
Rechenzeit für Postprozessor- Verarbeitung	135 s	38 s
Bearbeitungszeit	23 min	8 min

Bild 5-43: Vergleich fünfachsiger Fräsbearbeitungen der konvex-konkaven Testfläche

6. <u>Zusammenfassung</u>

Der Stand der Technik zeigte, daß das fünfachsige Fräsen gekrümmter Flächen gegenüber dem dreiachsigen Fräsen bemerkenswerte Vorteile bietet; er zeigte aber auch, daß die Programmierung gekrümmter Flächen zur fünfachsigen Fräsbearbeitung
problematisch ist.

Daher wurden zunächst die wenigen Programmiersysteme, die
eine Programmierung fünfachsiger Fräsbearbeitungen überhaupt
zulassen, vorgestellt, verglichen und ihre Unzulänglichkeiten
analysiert.

Die Analyse ergab, daß die Verfügbarkeit, Zuverlässigkeit und
die Fräserwegberechnung wesentlichen Einschränkungen unterwor-
fen sind. Außerdem zeigte sich, daß eine Bewertung der in den
Programmiersystemen realisierten numerischen Flächendarstellungen auf ihre Brauchbarkeit nicht ohne weiteres möglich war.

Daher wurde in der Arbeit eine umfassende Darstellung und Bewertung der numerischen Flächendarstellungsmöglichkeiten, besonders im Hinblick auf ihre praktische Anwendung, durchgeführt. Sie bieten die Voraussetzungen für eine einfache Beurteilung numerischer Flächendarstellungen. Gleichzeitig konnten wichtige Begriffe der numerischen Darstellung gekrümmter
Flächen, wie z.B. Coons, Bézier und die Interpolation bzw. Approximation von Meßpunkten, zusammenhängend verständlich gemacht werden.

Die Vorteile des fünfachsigen Fräsens sind alle in der Tatsache begründet, daß der Fräser während der Bearbeitung optimal, d.h. möglichst senkrecht zur Werkstückfläche geführt werden kann.

Die Analyse der zur fünfachsigen Programmierung geeigneten
Programmiersysteme zeigte jedoch, daß die Voraussetzungen für
eine entsprechende Fräserwegberechnung mehr oder weniger fehl-
ten.

Daraus ergab sich die Konsequenz, die Makrogeometrie fünfachsig gefräster Flächen zu untersuchen und analytisch zu erfassen, um davon ausgehend Methoden und Programme zur Berechnung
der Fräsbahnenabstände in Abhängigkeit einer vorgegebenen
Rillentiefe und zur Berechnung einer optimalen Fräserführung
entwickeln zu können.

Die Makrogeometrie gefräster Flächen ließ sich durch die analytischen Beschreibungen der Fräsrillenprofile erfassen. Allerdings mußten zuvor vereinfachende Annahmen gemacht werden.
Sie alle wurden jedoch kritisch bewertet und auf ihre Zuläs-
sigkeit untersucht.

Aufbauend auf den analytischen Beschreibungen der Fräsrillen
konnte ein zuverlässiges und schnelles Rechenprogramm realisiert werden.

Die optimale Führung des Fräsers ist besonders bei konkav ge-
formten Flächen wegen der leicht möglichen Unterschneidungen
problematisch. Es wurde eine leistungsfähige Methode der Fräserführung, d.h. der Voreilwinkelberechnung entwickelt, wie
sie sich insbesondere für eine verbesserte Fräserwegberechnung eignet.

Alle entwickelten Methoden bzw. Rechenprogramme wurden praktisch getestet, d.h. mit ihrer Hilfe wurden die Fräserwege
für verschiedene Fräsbearbeitungen berechnet und durchgeführt und anschließend die gefrästen Flächen vermessen und
begutachtet.

Hierbei ergaben sich gleichzeitig interessante Vergleichsmög-
lichkeiten zwischen den fünfachsigen Fräsbearbeitungen konvexer und konkaver Flächen bzw. zwischen dem fünfachsigen und
dreiachsigen Fräsen.

Schließlich wurden ausführliche Untersuchungen über den optimalen Fräsbahnenverlauf auf gekrümmten Flächen durchgeführt.
Als Ergebnis können dem Programmierer Kriterien zur Programmierung der Fräsbahnlagen zur Verfügung gestellt werden.